AF382420

Design : https://lesdeuxdandys.com/
Webmaster : Fabien Sayer https://donuts-web.cafe
Mise en page : Corentin Fillon

Édition : BoD - Books on Demand,
12/14 rond-point de Champs-Élysées, 75008 Paris.
Impression : BoD - Books on Demand, Norderstedt, Allemagne

ISBN :9782322387595

Dépôt légal :Novembre 2021

PRODUIRE EN RÉGÉNÉRANT

Carnet de voyage d'une paysanne

GRATITUDE & REMERCIEMENTS

Merci à ma famille et plus particulièrement à mes parents qui apportent un soutien inconditionnel à l'ensemble de toutes mes entreprises.

Merci à Chuong Nguyen du Vietnam

Merci au Thabarwa Meditation Center de Birmanie

Merci à Tri « homme médecine du Tri Hita Karana » de Bali

Merci au tissu associatif

Merci à mes ennemis car j'ai beaucoup appris à leurs côtés

Merci aux bénévoles internationaux du Vietnam et de Birmanie, les bénévoles du chantier participatif de la Drôme, Stéphane Linou, Pablo Servigne, Édouard Gaudot, Charles-Maxence Layet, Didier Hilard, Alexandre Boisson, Marjolaine Gaudard, les deux Dandys, Corentin F, Estelle Q, Maxime Di M, Gérald Vignaud, Julien Wosnitza, Philippe Guillemant, Claire Mauquié, Isabelle de Lannoy, Marc Daoud, Estelle Bratesani, Lucille B, Philippe, Evelyne et Paulette Bravaix, Jeanne Mesureur, Hélène, Baba de KoraKor, Jean-Marc Lahaye, Christelle H, Thibaut et MaLo Haissat, Grow Permaculture Miami, Matthias, le Kid, Julie, Fabien & Margaux, Anais & Michael, les riziculteurs de Hoi An, les paysans du village de Tra Que, Maître Romi, les donateurs et donatrices et tous ceux et celles qui ont contribué à l'effort de faire autrement et qui sont dans mon cœur.

SOMMAIRE

PRÉFACE de Stéphane Linou p14

PARTIE I – Une décennie expérimentale à travers le monde p18

Du burn-out humain au burn-out des écosystèmes p19

Vietnam: du microbiote intestinal au microbiote du sol p22

De l'aquaponie à l'aquaponie régénérative des sols p26

L'aquaponie classique, on peut mieux faire p26

Technologie ancestrale p28

L'aquaponie régénérative des sols - sans pisciculture p29

Birmanie : transformer une décharge à ciel ouvert en terre fertile p40

Heureuse dans une décharge p40

Un contexte politique dangereux et extrême p50

Un tissu social organique et résilient p55

PARTIE II – Penser à panser l'impensé : Fournir des outils de transition alimentaire et agricole p60

L'impensée de la résilience alimentaire p61

L'impensé agricole : la succession écologique p64

La révolution verte dans le monde p64

Notre sécurité alimentaire dépend de la santé des microbiotes p66

La temporalité : des délais de cicatrisation des écosystèmes incompressibles p 67

Des paysans suicidaires p 70

Stop à l'agribashing p70

Les salaires des agriculteurs dépendent des prix du marché et des primes p72

Être paysan ne s'improvise pas p74

La réponse est le nombre p76

Les outils de transition agricole p77

Patienter dans l'urgence p77

La réponse est dans la formation et la transmission des savoirs pratiques p80

Définition de l'outil de transition agricole p 81

Discipline vivante : La microbioponie p81

Une question de positionnement p81

La discipline de la microbioponie p84

Une triple fonction p85

Une sous-discipline de la microbioponie : l'aquaponie régénérative des sols p86

Une sous-discipline de la microbioponie : L'urinoponie p88

Sol & urine : un combo millénaire p94

La place de l'urine dans le temps, en Asie et en Occident p94

Les urines, un engrais négligé, socialement et politiquement tabou mais pas pour les industries p94

Vers une pénurie de phosphore ? p95

Des évènements symptomatiques d'un dysfonctionnement mondial p99

Aucun sol n'est pauvre, il ne manque que la biologie des sols p102

Le rôle de l'élevage à petite échelle dans les cycles biogéochimiques p105

Une agriculture inclusive p107

Inspiration et autres systèmes p107

Personnes à mobilité réduite disponibles et volontaires dans l'agriculture p108

Oser changer de paradigme agricole p110

La nécessaire R-évolution p110

Étude de cas P114

Des services écosystémiques collaborateurs P126

PARTIE III – Transmettre une vision et une gestion durable des territoires P129

L'accès à la terre P132

Où est le foncier agricole ? P132

Spéculation foncière p133

Agriculture de précision et objets connectés p134

Inflation dans les campagnes, source de tension entre ruraux et citadins p139

Gestion des ressources hydriques p141

La valeur de l'eau p141

Changement climatique : entre inondation & désertification p144

Le cycle de l'eau p149

La pollution de l'eau p156

Retraite massive des agriculteurs et transmission p159

2020 - 2030 : départs massifs des agriculteurs à la retraite p159

Transmettre par la formation aux futurs actifs agricoles p161

PARTIE IV – Produire en régénérant : l'urgence de devenir plus sage p164

Changer de paradigme économique p165

L'économie symbiotique en France p165

L' exemple de l'Oregon aux États-Unis : la smart growth strategy p165

Mieux vaut allumer sa petite bougie que de maudire les ténèbres (Lao Tseu) p168

Le monde visible p171

Un monde invisible : les micro-organismes p171

Ce que je ne vois pas existe p174

Les premiers spécialistes des écosystèmes : les peuples premiers p177

La Terre est un macro-être-humain : l'infiniment petit et l'infiniment grand p177

Les arbres sont des macro-neurones de la Terre p179

Le sol est un macro-endomètre ou un macro-intestin p183

L'eau est le sang de la Terre p185

De l'humilité et réapprendre nos savoirs oubliés p187

Annexes p189

L'auteure p196

La Ferme Blue Soil p197

Archimède p198

AVERTISSEMENT

Pour commencer, je tiens à dire que je ne suis pas agronome et qu'il vous sera difficile de savoir quelle est « ma case » prévue par la société pour définir mes activités. Disons que vous pouvez me définir comme *paysanne-chercheuse-animiste*. J'ai une entreprise agricole qui met à disposition à titre gratuit les parcelles de terre pour la recherche et le développement de solutions cherchant à laisser le vivant « cicatriser » sans pression productive, car nourrir 8 milliard d'habitants sur Terre avec des écosystèmes à bout de souffle est un véritable enjeu planétaire.

Je suis par ailleurs la fondatrice de l'association la Ferme Blue Soil dont les actions sont de régénérer le vivant sous toutes ses formes à travers des activités de R&D, de sensibilisation et des actions humanitaires pour installer de la résilience alimentaire au profit des populations victimes de catastrophes naturelles, de pollution, d'insécurité alimentaire et d'effondrements systémiques. Je viens d'un parcours scientifique en lien avec l'étude des capacités cognitives du cerveau : la psychologie, la neuropsychologie et les neurosciences cognitives. Mon mémoire de Master recherche consistait à étudier quels étaient les réseaux neuronaux et les structures cérébrales sous-jacents à la perception du temps chez les humains. J'avais donc déjà cet engouement pour la temporalité, qui, aujourd'hui, est le point de départ d'un modèle permettant de produire tout en régénérant nos écosystèmes et de tisser une toile sociale & alimentaire.

Peut-être que beaucoup penseront que « j'humanise » la nature en empruntant un vocabulaire normalement dédié au registre des hommes et des femmes. Mais quoi de mieux pour nous sensibiliser à des processus biologiques qui sont les garants du contenu de nos assiettes et de notre bien-être sur terre ? Je suis bénévole depuis déjà 7 années et c'est à cœur ouvert que je partage mon expérience avec vous. À l'aube d'un grand virage, je souhaite mettre en lumière les fruits de ces années de réalisation.

Solidairement,

Céline Basset

PRÉFACE de Stéphane Linou :

Stéphane Linou est un ancien Conseiller Général de l'Aude et Conseiller Municipal, pionnier du mouvement Locavore en France, sapeur-pompier volontaire, auditeur de l'IHEDN, conseiller en développement local et en gestion des risques, formateur à l'Institut supérieur des élus. Stéphane Linou est le premier à avoir annoncé dans le détail les diverses vulnérabilités de nos systèmes alimentaires, aujourd'hui mises en lumière par le COVID. Il a réalisé une enquête prémonitoire au sein de « mondes qui se parlent encore trop peu » (agriculture, sécurité, alimentation, société civile, risques, collectivités locales, monde associatif, défense et consommateurs). De son expérience de ses mandats d'élus, Stéphane Linou a ensuite publié en Juin 2019 un livre-enquête issu de son mémoire de recherche spécialisé en gestion des risques sur les territoires, intitulé « Résilience alimentaire et sécurité nationale ». Aujourd'hui, il forme notamment les élus en les alertant sur la non résilience alimentaire de leur territoire et des risques sur l'ordre public. Plusieurs communes adhèrent à sa proposition d'intégrer le risque de rupture d'approvisionnement alimentaire dans leur Plan Communal de Sauvegarde.

« Au cours de mon parcours, qu'il soit en tant qu'élu ou en tant que professionnel de la résilience alimentaire, j'ai pu vérifier que les alertes et les sensibilisations sur la nécessité d'accompagner les urgentes transitions alimentaires et agricoles, si elles ne sont pas accompagnées de « choses concrètes et incarnées », sont rarement suivies d'effets.

Celui de Céline BASSET, associant techniques agricoles, ingénierie sociale et optimisation des moyens sous contraintes, répondra à la demande insistante des institutions et des individus en manque de modèles pour affronter les crises actuelles mais surtout à venir.
En effet, des crises alimentaires, elle en a connu à l'étranger, et des réponses concrètes et collectives à celles-ci elle en a construites et faite désormais bénéficier de véritables RETours d'EXpériences (RETEX) inspirants pour les pouvoirs publics français.

On entend souvent parler de la fuite des cerveaux français mais ici, nous en avons un qui est revenu, qui plus est, la tête pleine et les ongles noirs !

Je me reconnais un peu dans sa façon de faire : elle questionne son corps, l'éprouve, prouve et propose des solutions pour le collectif. Elle va du particulier à l'intérêt général et Céline est une scientifique, qui fait… et qui parle après.

Elle part de l'infiniment petit que l'on ne voit pas (les bactéries du sol), à l'infiniment grand que l'on ne veut pas voir (notre sécurité collective dégradée en cas de rupture d'approvisionnement alimentaire) et propose, entre les deux, sans sectarisme, de relier les stades de la succession écologique avec les tenants des divers modèles agricoles… la réalité du métier qui est, n'en déplaise aux doux rêveurs de l'agriculture, très exigeant mais si passionnant et stratégique.

Oui, j'ai l'habitude de dire « qu'au menu des emmerdes, nous n'en sommes qu'à l'apéro » et Céline a compris qu'il faut se préparer à être surpris…collectivement et n'a pas peur d'aborder des concepts encore un peu tabous comme (même si certains riront jaune), l'urinoponie, les low-tech, l'exode urbain, l'inévitable et sous contrainte énergétique, formation des masses en chantiers collectifs car si l'on veut manger des produits sains et avec moins d'énergie, il faudra plus de bras ! Cet ouvrage est finalement à la croisée des mondes de l'agronomie, de l'ingénierie sociale, de la santé, de l'ordre public et de la sécurité nationale et s'il jalonne bien la nécessaire limitation de la « hauteur de chute », il incite fortement les pouvoirs publics à se pencher sur « l'augmentation de l'épaisseur du matelas ».

Si le lien entre microbiologie des sols, microbiote intestinal, microbiote social et microbiote territorial et sécurité collective ne vous dit rien, cela vous parlera davantage en vous plongeant dans la vie de Céline Basset. »

PARTIE I.
UNE DECENNIE EXPERIMENTALE À TRAVERS LE MONDE

DU BURN OUT HUMAIN AU BURN OUT DES ÉCOSYSTÈMES :

Ma famille est ancrée dans le voyage. Nous sommes arrivés de Russie et de Pologne en France au début de la deuxième guerre mondiale. Mes arrières grands-parents paternels étaient employés en tant que domestiques dans un château près de Montauban dans le Sud-Ouest de la France. Du côté maternel, nos origines proviendraient du sud de la France, du nord de l'Afrique et de l'Italie. Après tout, est-ce vraiment important de savoir d'où on vient quand on sait où aller ?
J'ai passé mon CE2, CM1 et CM2 à l'école primaire du lycée français La Fontaine à Niamey au Niger. Dans les années 90, mes yeux d'enfants ne percevaient pas le monde comme les adultes. J'étais en lien dès mon plus jeune âge avec la nature, les animaux, les insectes, les plantes et le désert du Ténéré avec ses peuples nomades, les magnifiques peuples Touaregs et Berbères. Les girafes côtoyaient mon quotidien rythmé par l'école le matin et les virées dans la nature l'après-midi. Le climat exceptionnel du Sahel a dévoilé ses tempêtes de sable, sa sécheresse et ses orages teintés de couleur ocre, jaune et orange- J'ai été entraînée très tôt à vivre et à m'adapter aux multiples biodiversités qui font la richesse de notre planète, elles sont à la fois végétale, animale, humaine et culturelle. Ma vie a été ponctuée de périodes passées à l'étranger avec des retours réguliers dans mon pays natal, la France. J'ai ainsi grandi avec les problématiques climatiques à travers ces divers paysages et climats : Niger, Canada, États-unis, Vietnam, Birmanie, Indonésie. Au total cette décennie m'a initiée et formée à vivre autrement durant ma petite enfance et ma jeunesse.

Ces années passées au cœur du système à New York aux États-Unis ont été les plus bénéfiques pour transformer mes peurs et mes angoisses liées à la prise de conscience que tout s'effondrait. Une fois le voile de l'illusion évaporé, il ne me restait plus qu'à créer des solutions plutôt que de me ranger dans les rangs contestataires, puisque je n'aime pas le conflit et me prend souvent à rêver qu'un monde paisible est possible. Il n'y a pas « Un Effondrement », mais plusieurs effondrements enchevêtrés les uns avec les autres dans la grande logique systémique mondiale. De mon point de vue, c'est autant de chances pour faire et innover…

Quelle sensation étrange que de retoucher la terre. Cette matière noble, granuleuse et humide m'était restée étrangère depuis mes 11 ans. Je ne savais plus comment être amie avec elle. Je me suis déconnectée de la terre après avoir passé des années à marcher en chaussures à talon sur les trottoirs de Paris et de Manhattan. Au début, je prenais des gants pour gratter, pétrir, repiquer et planter mes semis. Puis, j'ai pris conscience, progressivement, que le toucher était la première étape de reconnexion au vivant. Il n'était plus question de mettre un écran entre la terre et moi, entre le vivant et soi-même.

J'accumulais, en parallèle, des masses d'informations sur la vie des sols. Les enseignements du Dr Elaine Ingham, de Claude et Lydia Bourguignon, de Konrad Schreiber, les livres sur l'agronomie, les cours de botanique, la bioélectricité, la biochimie, la physique, la biodynamie, les cycles de l'eau. Les permaculteurs cubains, new yorkais et français (Damien Dekarz) m'apportaient leurs expériences et assuraient un flux de connaissances cruciales, merci à eux. Cependant, les mots et les concepts ne prennent sens que lorsque l'expérimentation et *le faire* s'ancrent dans la matière. L'ensemble des phonèmes sonores, que constituent les mots, véhicule du sens et devient alors connaissance qui naît par l'action.

Je me souviens comment, un an plus tôt, j'étais seule à New York parmi plein d'inconnus passant la nouvelle année 2015 accoudée au comptoir du célèbre Bar Tabac de Dean Street. Trois mois plus tôt, ma sécurité financière, ma vie et mes croyances se sont effondrées, envolées en éclats, emportant avec elles sept années de relations sentimentales. Impossible toutefois de revenir en arrière, par peur de « manquer de ». Amorcer un processus de déconstruction de mon ancien système de croyances était devenu l'objectif de cette nouvelle année. Il me fallait du temps afin de me « retrouver », et de me libérer de mes charges cognitives et de mes ruminations. Déconnectée du vivant au cœur d'un Manhattan dévorant, je décidai d'aller à Brooklyn et commençai mon retour à la terre dans le jardin de 30 m2 du bâtiment que j'occupais sur Monroe Street.

Le jardin de Monroe Street abritait donc une butte de polyculture au pied du pommier sur laquelle je cultivais choux, aubergines, tomates, basilic, menthe, thym, radis, laitues Batavia. Un trou de 2,50 m de long sur 60 cm de profondeur avait d'abord été creusé là où nous avions défriché. L'idée consistait à mettre dans ce trou, tout le bois mort et décomposé ainsi que les feuilles mortes que l'on trouvait dans le quartier. L'intérêt était de ne pas arroser. Cette première expérience avec mon ami Thibaut se révéla concluante. Nous obtînmes en 6 semaines une abondance de légumes et de biodiversité. Soudain, la vie reprenait et l'envie d'expérimenter à une plus grande échelle se logea dans mes pensées.

Photo 1 : Toute première expérience, Brooklyn, U.S.A. (2014)

L'accessibilité à une alimentation saine, fraîche et non transformée était un véritable casse-tête. Remplir son frigo revenait à parcourir plus de trois magasins alimentaires, économiser le moindre dollar pour s'offrir des fruits et des légumes biologiques hors de prix. Un poivron en 2014 coutait entre \$5,99 à \$3,99, une salade bio, \$2,40, un paquet ensaché de jeunes pousses d'épinards bio, \$7. J'ai fait le choix de me nourrir à la Food Coop de Park Slope **2 à Brooklyn, une initiative citoyenne qui compte aujourd'hui plus de 16000 membres et dont l'objectif est « *d'être un agent d'achat de ses membres et non pas un agent de vente pour toute l'industrie* ».

En étant membre, je m'engageais à donner une journée où j'étais, soit à la caisse, soit au réapprovisionnement des rayons, au déballage des cartons, au ménage des zones, ou encore à l'aide des personnes âgées ne pouvant porter leurs courses. Je pouvais manger sainement, à prix accessible, et je voyais bien que les produits alimentaires venaient essentiellement des fermes environnantes biologiques. La vie à Brooklyn était plus agréable que celle de Manhattan, même si j'aspirais à quitter New York pour de bon.

VIETNAM : DU MICROBIOTE INTESTINAL AU MICROBIOTE DES SOLS

En 2016, j'atterris à Da Nang, au Viet-Nam avec mon compagnon. Après une année fructueuse de transition, d'apprentissage, d'ancrage et d'observations, je souhaite aller plus loin dans mes expérimentations sur l'agriculture régénérative. Trois mois après notre arrivée, les mauvaises nouvelles s'enchaînent. Mon ami me quitta et je me retrouvais seule, sans terrain. Par ailleurs, je fus diagnostiquée d'une infection sévère au *Candida Albicans* **3 qui contamina l'ensemble de mes intestins, mon estomac et mon œsophage. Les pronostics étaient mauvais. Malgré une perte de poids de plus de 20 kg, je me sentais pourtant en vie et enfin libre.

Le parfum de l'Asie et son système de croyances m'enseignèrent l'humilité, le détachement et l'art du moment présent. Le passé et le futur n'existaient plus. Je dus économiser mon énergie vitale et conjuguer mes *unités attentionnelles* au présent. En même temps, je créai l'association Sangha Project et décidai d'organiser les « EcoDay », des jours réservés au nettoyage des plages et des rivières locales. En basse saison touristique, nous étions saturés de plastiques et de déchets provenant de l'ensemble du globe. Nettoyer les plages d'Asie revenait quelque part à nettoyer les plages du monde puisque les déchets occidentaux étaient acheminés par containers entiers chez nous, depuis l'Europe et le reste du monde.

Photo 2 : Atelier de sensibilisation des enfants du club français de Hoi An, Plage d'An Bang beach Vietnam (2016)

Photo 3 : En pleine action avec des bénévoles, plage de An Bang Beach hors saison touristique, Vietnam (2016)

Photo 4 et 5 : Nettoyage de la rivière de Hoi An avec une association vietnamienne, Vietnam (2016- 2017)

Chemin faisant, j'ai fini par trouver un autre terrain grâce à Gus, un français expatrié depuis 9 ans au Vietnam qui me fit rencontrer Anh Chuong. Cet ami vietnamien issu du milieu rural, au cœur lumineux et au sourire franc, se révéla un administrateur exceptionnel et me prêta ses bras lorsque la force physique me manquait et que la maladie était trop bruyante. Brillant et créatif, il transformait les déchets en œuvre d'art grâce à ses talents d'alchimiste. C'est l'art du *Low-Tech* ou des basses technologies. Beaucoup de curieux venaient dans l'étrange café vietnamien qui accueillait alors mon projet de ferme expérimentale. Ne parlant pas encore vietnamien, et lui pas encore anglais, nous développâmes un autre langage basé sur le sourire, le ressenti, la patience, l'humilité, le chant, la musique, les croquis et surtout le travail de la terre. Dans cette joie du *faire*, je reçu tout ce dont j'avais besoin pour continuer. La maladie était un écho auquel je ne m'identifiais plus. Tant que je restais dans le présent, la joie et le rire, les informations et les intuitions affluaient. L'aquaponie me trouva au détour du besoin alimentaire que le *Candida Albicans* m'imposait : une consommation journalière de légumes frais sans chimie, sans cuisson, sans laitage, sans sucre, sans gluten, sans alcool.

DE L'AQUAPONIE À L'AQUAPONIE RÉGÉNÉRATIVE DES SOLS

L'aquaponie classique, on peut mieux faire.

J'ai pratiqué l'aquaponie classique et je lui dois beaucoup. Cependant, je pense qu'elle a été déconnectée de ses capacités résilientes et dévitalisée au profit de la centralisation des modes de production. Pour moi, on doit s'approcher de cette discipline avec une vision holistique et non avec une pensée en silo, dissociée du vivant.

L'aquaponie classique (industrielle) se concentre sur la production de poissons, qui représente, selon les professionnels à grande échelle, environ 80 % du chiffre d'affaires de l'entreprise. La culture végétale est bien souvent en monoculture, perfusée avec une dizaine de compléments (engrais et antiparasitaires) et elle représente entre 15 % à 20 % du chiffre d'affaires. L'objectif de cette double culture (poissons et végétale) est d'utiliser encore un système d'exploitation du vivant, visant la meilleure profitabilité. Cette manière de faire de l'aquaponie est limitée dans sa résilience, puisqu'elle dépend de perfusions (engrais et intrants) acheminées par les transports logistiques. Elle consomme et rejette encore trop d'eau à mon goût. Les micro-organismes sont généralement négligés et parfois même, pas réellement compris dans l'importance du fonctionnement et de la stabilité de la technologie aquaponique. Pourtant, la communication est toujours très orientée et labellisée « agriculture durable, écologique et symbiotique ». Mais en coulisses, ça n'est pas la réalité du fonctionnement. On peut donc mieux faire ensemble.

Pour se faire économiquement viable sur des échelles gigantesques, l'aquaponie classique déconnecte donc les bassins, fait des systèmes découplés, de manière à injecter des intrants d'un côté afin de ne pas interférer avec les bassins à poissons. Dans certaines exploitations où j'ai appris l'aquaponie classique, on me disait « *En fait, on fait de la pisciculture améliorée, on peut mieux faire* ». Certains avaient conscience des limites de l'aquaponie classique et cherchaient à s'améliorer pour rendre ce système plus résilient, d'autres moins.

En fonction des climats, l'aquaponie classique n'économise non pas 85 % à 90 % d'eau par an par rapport aux cultures de pleine terre, mais elle rejette parfois jusqu'à 40 % de la contenance du système dans la nature. Le renouvellement et l'apport d'eau fraîche quotidiens sont compris entre 5 % à 15 % par jour et peuvent dépasser 30% par jour en saison très sèche dans des pays au climat aride (ex : États-Unis au Texas, Indiana, Afrique du Nord et certaines régions de France). Dans ce cas, il parait indéniable qu'on s'écarte d'un système résilient qui économise l'eau. Ce n'est pas le modèle qu'on souhaitait au départ, bien au contraire. Je voyais dans l'aquaponie classique le risque d'une dérive aux allures *d'agriculture conventionnelle 2.0* dévorant les dernières ressources d'eau disponibles. Par ailleurs, j'ai observé que beaucoup de systèmes aquaponiques à grande échelle utilisent des médias (substrat remplaçant la terre ou mimant la terre pour accueillir la plante) composés de plastique et de matières synthétiques (mousse, mottes élastiques), bien souvent emballés dans du plastique à usage unique. Ces médias inertes sont souvent fabriqués à l'étranger (Hollande, Allemagne, Chine…). Je n'ose calculer l'impact écologique lié aux transports, à l'utilisation de plastique à usage unique, aux matières toxiques et aux microparticules relâchées dans la nature.

Au Vietnam, pour comparer la résilience des systèmes hors sol, j'ai testé également l'hydroponie. Cette méthode utilisait entre 13 et 19 intrants (si on sépare les compléments un à un). Les bouteilles d'engrais étaient calibrées selon le légume à faire pousser, la polyculture n'était donc pas vraiment envisageable. On pouvait faire pousser des salades ou bien des tomates, mais pas les deux car elles n'avaient pas les mêmes besoins nutritifs. Outre la consommation d'engrais synthétiques indexés sur le pétrole, l'eau en hydroponie devait être très souvent renouvelée. Selon mon expérience, je vidais les bassins tous les deux mois. Je préférais donc arrêter l'hydroponie définitivement, même si le climat subtropical où j'opérais me permettait de « gâcher de l'eau ». En comparant les cultures en hydroponie et en aquaponie classique, j'observai que l'aquaponie était, certes, plus résiliente que l'hydroponie, mais qu'elle nécessitait toujours des engrais (jusqu'à 13 parfois) pour pallier les carences des plantes malgré l'apport des déjections des poissons.   Par conséquent, la plupart des stratégies à grande échelle préfèrent réduire les coûts et se concentrent donc plus sur la production de poissons que de végétal. Plus je pratiquais, plus j'entrevoyais ce système comme potentiellement viable et bénéfique, mais il fallait travailler sa résilience et sa cohérence en fonction de nos problématiques actuelles. Ce n'est pas parce que le modèle a des failles que tout est à jeter. Le hors-sol a de l'avenir, mais il se doit d'être temporaire, sage, biomimétique et organisé en petite échelle pour une gestion vivante et intégrée. J'ai donc empreinté une voie plus résiliente, low-tech et vivante en expérimentant des systèmes plus régénératifs basés sur la vie des micro-organismes.

Une technologie ancestrale
Culture traditionnelle et ancestrale appelée « Chinampas »**4 chez les Mayas et les Aztèques de Mésoamérique ou encore « rizipisciculture » **5 en Asie, la technologie de l'aquaponie est vieille de plusieurs milliers d'années et émane des peuples premiers. L'eau et la terre étaient pour eux, des Dieux et des Déesses inséparables. Cette culture se faisait alors à l'aide de radeaux, comme des « champs » flottants sur des cours d'eau ou des lacs comme le lac Titicaca par exemple. Ils connaissaient déjà la magie de l'eau. Chaque rivière, lac, torrent, cascade était un être vivant constitué d'un ensemble d'autres êtres vivants, tous liés entre eux par le mouvement et l'oxygène. Viktor Schauberger fut l'un des premiers occidentaux à prendre conscience de l'importance du mouvement spiralé de l'eau, respiration primordiale dans la création de condition aérobie et source de vie.
Chaque jour, circule dans nos rivières et fleuves en mouvements, des milliards de bactéries dont la fonction est d'assurer la décomposition des déjections des poissons et autres organismes, en solution ionique vivante (poches nutritives naturelles NPK). Les racines des plantes absorbent ce liquide et filtrent les cours d'eaux. Ce véritable écosystème, abritant une biodiversité immense, est source de vie de notre monde, *l'Eau est le sang des terres***6. Mais aujourd'hui avec nos villes, nos sols artificialisés et la déforestation nous avons interrompu et dompté l'élément Eau tout en ignorant son être, sa fonction et sa magie dans la fertilité des terres agricoles.

L'eau circule désormais dans des tuyaux en PVC, étroits et droits, qui passent par des stations d'épuration, machines à laver chimiques, avant de finir dans nos toilettes ou dans une fosse septique. Le déversement des eaux usées et des déchets dans les cours d'eau sclérose les artères terrestres. Nous sommes au bord de *l'accident vasculaire cérébral* de la terre, des océans, des réseaux d'eau douces et des sols dévitalisés. Plus rien ne circule, l'eau fuit nos sols malades, infertiles depuis les débuts de la *révolution verte*.

L'aquaponie peut représenter une solution si elle **reste sage**. Mais selon mes critères, elle a **basculé dans l'exploitation du vivant**. J'ai vu pousser partout des systèmes d'aquaponie industriels et « GreenTech » automatisés sur de grandes échelles, dévorant de l'énergie, des engrais et des métaux pour les pièces des objets connectés. J'ai pensé qu'il était possible d'améliorer ces problèmes de résilience et qu'il était important de se concentrer sur l'aspect vivant du système : les micro-organismes. Alors, j'ai créé l'aquaponie régénérative des sols**7 qui consiste à cultiver des plantes, des micro-organismes et garder les poissons dans un aquarium géant – Je ne veux pas de pisciculture et encore moins produire en exploitant. Certains disent que je fais de l'*aqua-rio-ponie* car je préfère travailler en collaboration avec le même cheptel de poissons en bonne santé, plutôt que de l'exploiter. Et cela pour deux raisons : la stabilité microbiologique et mon végétarisme.Ce système hors-sol, je l'ai voulu vivant, low-tech et résilient sur de petites unités autonomes (150m2 max).
Pour résumer, l'idée est de faire avec ce que l'on a sous la main en cas de problème (rupture des chaînes d'approvisionnement, peu d'accès à l'électricité, pas d'accès aux engrais etc...).

L'aquaponie régénérative des sols - sans pisciculture

La construction de tout système d'aquaponie régénérative des sols nécessite une serre géothermique low-tech. Celle-ci est techniquement calibrée sur les conditions de vie optimales des micro-organismes que j'élève dans mes systèmes. Ainsi, on peut dire que la serre est élaborée en fonction du bien-être des micro-organismes pour qu'ils soient performants et fonctionnels dans le but de cultiver des plantes non carencées, à haute valeur nutritionnelle et libres de tout intrant.

L'idée est que les micro-organismes remplacent les engrais utilisés en hydroponie et en aquaponie classique. Ils sont la clef, aussi bien des cultures hors sol qu'en plein sol.

Ainsi, la serre géothermique fut élaborée en fonction du climat, de l'orientation du terrain (N,S,E,O), des vents et des directions alloués au terrain. L'objectif low-tech**8 consiste à rendre ces serres duplicables pour les petits budgets n'importe où dans le monde. J'ai donc récupéré des matériaux dans des décharges à ciel ouvert au Vietnam et en Birmanie, dans des poubelles des entreprises BTP et des garages en France afin de créer des bâtiments agricoles productifs et optimaux pour la culture de micro-organismes et de plantes végétales provenant de tout climat.

*Photo 6 : Première serre tropicale et système d'aquaponie régénérative des sols low-tech, Vietnam**9 (2016 – 2017)*

Photo 7 : Système d'aquaponie régénérative des sols low-tech, Drôme 2020

*Photo 8 et 9 : Système d'aquaponie régénérative des sols low-tech, Drôme **10 - 2020*

Par ailleurs, la serre géothermique sert à protéger le système des pluies acides qui stimulent la variation du pH, curseur exprimant l'équilibre entre les trois écosystèmes. En France, la serre géothermique sert aussi à maintenir des températures idéales où l'eau ne descend pas en dessous de 12°C/13°C. Cette variable est fondamentale pour que les micro-organismes ne se mettent pas en « *hibernation* » et que le système d'aquaponie régénérative des sols continue à produire des fruits et légumes toute l'année.
L'expérience de la serre géothermique dans la Drôme s'est révélée être un véritable succès avec 12,5°c maintenus dans l'eau lorsque les températures extérieures indiquaient -12°c. Cette première station expérimentale européenne est localisée dans un milieu assez hostile :

-          Climat montagnard / aux portes du climat méditerranéen
-          Couloir venteux du Rhône avec du mistral
-          Terre argilo-calcaire avec un pH de 8.8, réputée pour être le hameau des potiers
-          Exposition plein sud
-          Terrain en pente et déforesté
-          Terrain tassé et compacté par des chevaux pendant plusieurs années

Le système d'aquaponie régénérative des sols fonctionne avec des tilapias, poissons tropicaux qui ne sont plus commercialisés**11 en France. Ces poissons nécessitent des températures chaudes toute l'année. Étant donné que je ne pratique pas la pisciculture, les poissons ont donc une fonction nutritive et ils alimentent le système avec leurs déjections (urines et défécations). Leur nourriture est constituée d'insectes (locaux), d'épluchures de légumes et de granulés. Je trouve que le recours aux granulés est problématique car ils sont importés et constitués à base de farine, pauvres en nutriments et couteux. J'ai donc préféré cultiver des insectes et valoriser mes épluchures. J'ai pu remarquer un changement lorsque je nourrissais mes poissons avec des insectes et des épluchures : leurs déjections étaient plus riches en nutriments et ils ne tombaient jamais malade. Pourtant l'eau n'était jamais changée ni même partiellement. Je ne remplissais qu'une seule fois mes bassins et le système restait en constante re-circulation.

En fonction de l'évaporation d'eau, j'ajoutais une fois tous les 3 mois de l'eau de pluie (600 litres). Je veillais surtout à ne jamais densifier l'habitat des tilapias et stimuler leur environnement (comme un aquarium géant) pour comprendre comment ils fonctionnent.

Le rideau de racines créé par les cultures végétales permettait de filtrer l'eau et d'éviter les déséquilibres nutritionnels dans le système. La polyculture permettait une absorption harmonieuse des nutriments, tout comme la polyculture en pleine terre. Comme je disais à mes élèves de Birmanie, « Happy Fish, happy poop », soit « un poisson heureux, une belle merde ». Comme rien ne se perd, rien ne se crée et tout se transforme, la nourriture des poissons représente la base nutritive du système d'aquaponie. Le choix de la nourriture impacte la qualité des micro-organismes et la qualité des nutriments que les plantes vont absorber. Si, à la base, les poissons sont uniquement nourris aux granulés, alors les plantes seront davantage carencées et le recours aux intrants sera plus tentant. Nous retombons alors dans la boucle de l'aquaponie classique.

Le plus intéressant reste à venir, lorsque j'ai constaté que les micro-organismes que je cultivais en aquaponie régénérative des sols étaient similaires aux micro-organismes du sol. À l'époque où j'ai découvert ces similitudes, j'ai immédiatement testé l'expérience sur les sols que j'avais à disposition au Vietnam et en Birmanie. J'aimais dupliquer l'expérience avec mes pipettes. C'est sous le microscope que la magie de l'infiniment petit s'est révélée être très opérationnelle pour revivifier les sols !

Dans mes systèmes, l'eau est en constant mouvement et véhicule comme une rivière, la solution nutritive ionique aux racines des plantes. Le système racinaire filtre l'eau en absorbant ce dont il a besoin. Mais l'eau véhicule aussi tout un ensemble de micro-organismes responsables de la stabilité du système et de la revivification des sols lorsqu'on les ensemence de cet élixir. À la suite de cette découverte innovante, j'ai donc mis toute mon attention pour créer une **aquaponie régénérative des sols,** fondée sur la culture de micro-organismes, la culture végétale et la non exploitation des poissons.

Photo 10 : Premier système d'aquaponie régénérative des sols
5 types de salades, 5 types de tomates, 2 types de persil, 2 types de basilic, 100 tilapias, Vietnam (2016-2017)

Photo 11 : Transfert dans le champ de sable à 1,5km de la plage de An Bang et Ha Mi Beach, Vietnam (2016-2017)

Photo 12 : Transferts des pieds de tomates et de basilic de l'aquaponie au sol, Vietnam 2017

Photo 13 : Parcelle expérimentale
A gauche : 80 pieds de tomates et basilic de la condition
« transfert »
A droite : 40 pieds de tomates et basilic de la condition « témoin »
Les semis ont été plantés le même jour. Deux vitesses de
croissances différentes
Vietnam (2017)

Photo 14 : Les pieds de tomates de la condition « transfert » font
plus de 1.70 m, Ils sont très productifs et résistants aux attaques
fongiques
Vietnam (2017)

Photo 15 : Des tomates en bord de mer dans du sable au centre du Vietnam (2017)

Photo 16 : Parcelle expérimentale en Drôme : À gauche en 2019, aucune culture possible dans l'état VS à droite en 2020, 3cm de terres arables (léger mieux)

Photo 17 : Première année, réhabilitation des sols et semences reproductibles, Drôme (2020)

Figure 1 : *L'aquaponie régénérative des sols - sans exploitation des poissons*

BIRMANIE : TRANSFORMER UNE DÉCHARGE À CIEL OUVERT EN TERRE FERTILE

Heureuse dans une décharge

En 2018, alors que je dégustais un café Den Da près du marché de Cuai Dai à Hoi An, je fis la connaissance d'un ancien réfugié politique qui a survécu au putsch militaire du 08/08/1988, il s'appelle Mr H. Son anglais était parfait puisqu'il vivait en Australie depuis le coup d'état. Curieux de découvrir mes expérimentations, il visita la ferme expérimentale puis s'empressa de communiquer mes travaux au moine bouddhiste fondateur du Thabarwa Meditation Center à Yangon. Le lendemain, une horde de moines bouddhistes birmans habillés en rouge et en orange, débarqua en car à la ferme. C'était impressionnant. Il faisait encore une chaleur moite et j'entamai la visite avec le *vénérable Sayadaw*, titre que les birmans utilisent pour nommer le moine bouddhiste « leader ». J'expliquai mon travail et pourquoi je mettais ces méthodes en place. Pour moi, la résilience alimentaire était une urgence et il fallait prendre en compte le temps de régénération du sol. La « *cicatrisation du sol* » nécessite donc de ne pas lui imposer une pression productive. Je lui expliquai aussi qu'en Occident nous avions plus de 60 ans d'expérience de pratiques agricoles intensives et que nous avions vécu la révolution verte en 1962, contrairement à la Birmanie qui souffrait alors d'instabilité politique, de dictature et de corruption. « *Nous avons testé cette agriculture depuis des dizaines d'années Vénérable Sayadaw, et nous avons aujourd'hui des problèmes avec nos sols, l'eau et les températures !* » déclarai-je au moîne. « *Vous avez de la chance car vos terres sont intouchées, gardez votre système de culture* ». Après la visite de la ferme, nous nous assîmes par terre en buvant un *nuoc chan* (jus de citron) et nous discutâmes d'un projet. Le vénérable Sayadaw, convaincu par mes travaux me demanda de l'aide pour son monastère qui accueillait alors des milliers de réfugiés (politiques, orphelins, minorités persécutées, vieillards, malades…) et promis de prendre en charge mon équipe. Après avoir réglé les formalités administratives (visas, billets d'avion), je décidai de partir à Yangon sans ONG, ni aucune organisation malgré les mises en garde de mes proches et les recommandations de l'ambassade de France.

Je n'avais rien à perdre – je n'ai pas de mari, pas d'enfant, pas de copain et j'aime ce que je fais plus que tout. En Mai 2018, j'ai pris l'avion pour la Birmanie pour la première fois de ma vie. Arrivée à l'aéroport de Yangon, un comité d'accueil m'attendait à bras ouverts. À peine j'eus déposé mes bagages à l'arrière du bus, nous partîmes en excursion pour visiter les pagodes sacrées faites de jade et d'or. Le soir, nous arrivâmes au centre Thabarwa situé à Thanlyin, à 1h30 de route au sud de Yangon. La chaleur tropicale était écrasante dans la jungle et nous étions si loin de la mer de Chine ! Dans le centre du monastère, une odeur nauséabonde et très forte imprégnait mes vêtements et me prenait au nez. L'atmosphère était pourtant légère malgré la déambulation libre des lépreux et des tuberculeux souriants. Je marchais dans des déchets et des flaques boueuses jaunâtres et ocres dont je ne préférais même pas connaître le contenu. La pluie se remis à tomber fortement et nous eûmes à peine le temps de nous mettre à l'abri dans le bâtiment qui faisait office d'hôpital, le « Rainbow Hospital ».

« *Nous allons dormir au 11ème étage de l'hôpital pour quelques nuits* » dit Mr H. Je voyais le niveau de l'eau monter rapidement et les bidonvilles se retrouvaient submergés. Pourtant la sérénité et les rires continuaient. Rien ne semblait gêner ces visages mates, lumineux et souriants. Le ventre vide depuis l'aéroport d'Ho Chi Min, je réalisai que nous ne mangerions que le lendemain matin car les moines arrêtaient de manger à 13h…

*Photo 18 : Immersion dans la culture, Birmanie **12 (2018)*

Photo 19 & 20 : En route pour une visite des paysans birmans dans le sud de Thanlyin, Birmanie (2018)

Photo 21 & 22 : À gauche : Atelier de préparation des copeaux de noix de coco destinés au terreau à semis
À droite : Atelier boutures avec Chi Ko Win et les enfants du bidonville
Birmanie (2018)

Photo 23 : Conférence dans une école bouddhiste pour moines et nonnes au nord de la Birmanie (2018)

Photo 24 : Mise en route du système d'aquaponie régénérative des sols au Thabarwha Meditation center, Birmanie (2018)

Photo 25 : Atelier de « transfert » avec les étudiants,
Birmanie (2018)

Photo 26 : Atelier « tests d'eau » avec les étudiants,
Birmanie (2018)

Photo 27 : 6 mois plus tard, système d'aquaponie régénérative des sols, Birmanie (2019)

Photo 28 Classe au Thabarwa Meditation Center (2018).

Photo 29 : Transmettre quelle que soit la langue, Birmanie (2018)

La première nuit fut brève et courte, entre les aboiements des meutes de chiens en liberté, les méditations aux haut-parleurs, les ronflements de Mr.H et les 6 autres personnes avec lesquelles j'ai partagé la salle pour dormir. Il n'y avait pas d'eau, ni au robinet, ni dans les toilettes alors que j'étais encore malade de mon Candida albicans. Mr. H me dit qu'ici, il fallait aller chercher des bidons de 40 litres à la main et vivre 4 jours en incluant douche, vaisselle, lessive et cuisine. Il m'indiqua un autre robinet et une gamelle pour aller prendre l'eau utilisée pour les toilettes et les douches. Celle-ci était marron, sentait l'œuf pourri et provenait d'un réservoir d'eau dont la saleté se devinait à des kilomètres. Je ne voulus même pas connaître sa composition et m'empressai d'aller dans le coin toilettes.

Je sortais pour aller dans la seule épicerie du monastère, trouver un café ou une boisson. Sur ma route, je trouvais des corps morts d'humains laissés au sol. Des adolescents entassaient ces corps dans une pièce. Ils riaient et me saluaient avec un sourire à pleines dents. « Mingdelaba ! » dis-je avec mon accent français. Plus tard, on m'expliqua que c'était la morgue du centre, car il y avait beaucoup de maladies et qu'ils ne savaient plus quoi faire des morts. Les pompes funèbres n'existent pas vraiment ici. La mort fait partie de la vie – comme au Vietnam et dans tous les pays croyant à la réincarnation. Des vaches, des singes, des poules, des chats, des chiens errants et des humains s'entassaient sur la petite place centrale où tout le monde buvait un thé. Mr H aimait dire que l'hygiène faisait même fuir certains volontaires internationaux et qu'aucune ONG ne venait opérer ici.

Seuls des bénévoles, comme moi, venaient participer et aider au développement du centre en échange du gîte, du couvert et du visa. Après la visite du monastère, nous mangeâmes du riz provenant des donations que les gens fortunés de la ville de Yangon donnaient aux moines chaque matin à partir de 6 h - c'était *les Alms*. Les birmans dans les campagnes ne mangeaient pas avec des couverts mais avec leurs mains. J'étais heureuse de toujours avoir ma paire de baguettes avec moi ! Aucune infrastructure, ni poubelle, ni traitement des ordures, ni système d'eau et encore moins d'eau potable n'étaient accessibles. Le centre était lui aussi une donation (*les Alms*)

Photo 30 : Près de la place principale du centre, Birmanie (2018)

Photo 31 : zone d'habitation à proximité du lieu à régénérer,
Birmanie (2018)

Photo 32 : habitation un peu plus éloignée du centre, Birmanie (2018)

Photo 33 : Pagodes du centre, Birmanie (2018)

Pourtant, je me sentais si bien dans ce chaos organisé, j'étais fascinée par leur résilience personnelle, quelles que soient les conditions matérielles. Le vénérable Sayadaw toujours accompagné des nonnes et des moines, me montra le terrain où ils souhaitait réaliser « *l'Eco-Projet* ». Je blêmis face à cette décharge située sous les lignes à haute tension. C'était la première fois que j'avais un enjeu aussi colossal, la régénération d'une décharge à ciel ouvert. À côté, la pollution à l'agent orange du Vietnam me paraissait plus facile. Je dis au Vénérable Sayadaw que je n'acceptais pas d'être rémunérée pour cette mission car je n'étais pas certaine d'y arriver et que seules les dépenses et les visas de mon équipe devaient donc être pris en charge.

Un contexte politique dangereux et extrême

La situation politique n'était toujours pas stable et la junte militaire opérait pour servir ses intérêts plutôt que ceux des citoyens du pays. La démocrate Aung San Suu Khi n'a jamais été vraiment libre. Assignée à résidence, les pieds et poings liés, elle semblait avoir toujours été contrôlée par la junte militaire **13 malgré son poste de conseillère d'État (présidente de la Birmanie). Sur le terrain avec les Birmans, j'appris qu'elle n'avait rien à voir avec l'horrible génocide Royinga **14. Car selon eux, la junte était organisée, tentaculaire, infiltrée dans certains temples et utilisait Aung San Suu Khi comme « pantin diplomatique ». N'étant pas experte de la géopolitique birmane, je suis restée sur mes gardes. Les birmans m'ont aussi expliqué leur désir de démocratie bafoué par la junte depuis plusieurs décennies. J'ai été invitée à la commémoration des 30 ans de l'évènement du 08 aout 1988 **15 qui eut lieu à la Yangon Art and Science University **16 et j'ai pu rencontrer les mutilés et anciens prisonniers politiques qui avaient osé chanter « un vent de liberté ».

« Les militaires ont fusillés les étudiants sans appel ni sommation ! Ils les ont poursuivis jusque dans les hôpitaux lorsqu'ils fuyaient pour les fusiller et les saigner ! Les élèves, les politiques de l'opposition, les infirmiers, les médecins, les femmes, les enfants, tout le monde a été fusillé ce jour-là. » me racontait un rescapé en chaise roulante portant le brassard rouge avec les chiffres 8888. Ce chiffre faisait référence à la terrible journée du 8/08/1988.

« Nous voulions seulement notre liberté et le droit de choisir. Nous ne sommes jamais libres ! » me dit-il. Quant à Mr. H, j'ai pu constater en ce jour qu'il était toujours victime de son stress post-traumatique depuis cet évènement malgré son exil accordé à Sydney. La torture qu'il a subie dans les prisons politiques birmanes n'avait jamais vraiment quitté son corps et son esprit. Ces cicatrices témoignaient des longues heures de tortures physiques et psychologiques. La colère l'habitait encore comme si l'évènement avait eu lieu la veille. *« Cela recommencera car la junte est toujours dans les coulisses du corps politique, tu verras ! »* me dit-il lors de la commémoration.

Depuis le coup d'état de février 2021, je pense souvent à lui.

Photo 34 & 35 : Mémorial du 08/08/1988, Commémoration des répressions des manifestations et des milliers de civils tués par les militaires (3000 selon certaines sources)
Yangon, Birmanie (2018)

Photo 36 : Visite des officiels démocrates, Birmanie (2018)

J'opérais donc dans un climat très particulier et de manière totalement indépendante, sans aucune protection, ni repli. Aucune information ne circulait dans le pays. Je ne comprenais pas la langue contrairement au Vietnam et je découvrais encore de nouvelles coutumes auxquelles je devais vite m'adapter pour collaborer avec le tissu social. Le monastère hébergeait des réfugiés des quatre coins du monde. C'était un endroit où une deuxième chance était accordée à chacun et chacune d'entre nous. Des violeurs, des assassins résidaient parmi ces visages souriants. Pourtant l'ordre social et la paix régnaient dans ce lieu unique qu'est le Thabarwa Meditation Center.**17 Les conditions pour avoir le droit de venir étaient la volonté de méditer, de devenir moine ou d'aider le centre. Les pratiques bouddhistes étaient l'ordre social et pacifiaient les plus agités et les plus meurtris par la vie.

Par ailleurs, des accords avec les multinationales de l'agro-alimentaire se mettaient en place pour la « révolution verte ». Je voyais des panneaux publicitaires prônant l'emploi des tracteurs et des champs en monoculture. Signes d'investissements financiers importants, ces panneaux me paraissaient étranges alors que le concept de publicité n'existait pas dans les régions rurales et très reculées. Plus tard, il m'a été rapporté par les birmans que des accaparements de terres, soit des accords avec certains pays, étaient signés et consistaient à vendre les terres agricoles birmanes **18 à d'autres états. L'enfer du néo-colonialisme était sous mes yeux, et je ne pouvais rien y faire, hormis sensibiliser, enseigner et fournir un maximum d'informations au paysans birmans. Les paysans possédant des hectares de terres étaient relocalisés sur 7,5 m2.

*Photo 37 : Habitation sur un terrain d'environ 7,5 mètres de long, proposée aux habitants des villages délocalisés par la ZES de Thilawa. Les villageois qui ont opté pour cette habitation n'ont jamais eu de titres de propriété. © Info Birmanie**19*

Un tissu social organique et résilient dans le centre monastère

Il n'y avait pas de police, pas de militaire, seul un climat de confiance liait les habitants-réfugiés les uns aux autres. Je n'ai jamais entendu une seule personne se plaindre des conditions de vie. Dans le centre, les morts et les maladies fauchaient pourtant du jour au lendemain beaucoup de ces visages souriants, par manque de moyens pour se soigner. Lorsque j'ai entamé la construction de la serre tropicale, j'ai été surprise de leur proactivité et de leur volonté. Je communiquais principalement grâce à Thwe Thwe, une birmane, fille de paysan, dont la famille avait été relocalisée pour confiscation des terres et qui vivait désormais dans une habitation de 7,5 m de long avec sa famille entière et ses animaux. Thwe Thwe apprenait l'anglais sur le terrain grâce à ses compétences de guide dans les agences de voyage. Cette jeune femme brillante et courageuse m'époustouflait tant sur ses capacités de résilience, son humilité que sur ses efforts constants à traduire ce que je disais aux équipes birmanes volontaires pour le projet. L'ordre et la confiance étaient organiques et la bonne humeur était un *liant* social. Seul le présent existait. Il m'était impossible d'opérer avec une vision occidentale de planification et le lâcher-prise était mon seul recours pour faire avancer la construction et les enseignements avec les 45 étudiants sélectionnés par Mr.H au préalable dans tout le pays. La question de la résilience alimentaire était une question de vie ou de mort. Ce projet représentait pour moi une de mes plus grandes expérimentations en partant d'un terrain complètement « *anoxié* » par les ordures.

L'emploi du temps était chargé. J'oscillais entre leadership et lâcher-prise au quotidien. Les bénévoles et les étudiants étaient une source d'inspiration dans mon adaptation aux conditions de vie du centre. J'étais très malade à l'époque et ne pesais que 50 kg, j'allais régulièrement à l'hôpital de Yangon car j'avais régulièrement du sang dans mes urines à cause des infections dans mes reins. Mon corps n'assimilait plus les nutriments contenus dans les aliments, j'étais parasitée tout le long de mes intestins déjà fragilisés par la candidose. Malgré mon état de santé, les travaux débutèrent en mai 2018 et s'étalèrent jusqu'en décembre. J'étais vivante et heureuse, c'était le principal. Il était hors de question de manquer cette expérience de *microbiote social* birman !

La serre tropicale devait être anti-ouragan. Pour cela, j'avais dessiné un bâtiment fait d'acier dont le toit était de forme arrondie et divisé en deux parties afin que le vent puisse s'engouffrer et finir sa course à l'extérieur. L'objectif était d'éviter un potentiel effet parachute qui pouvait emporter la serre. Afin de m'ajuster au climat tropical, j'ai préféré concevoir un bâtiment avec une hauteur de 7,5 mètres. En effet, plus le toit est haut, plus la chaleur monte et plus l'ombre au sol est importante. La construction du système d'aquaponie régénérative des sols débuta en même temps que les enseignements avec les 45 élèves. En général, je m'endormais avec le coucher du soleil vers 20 h30 pour me réveiller à 4 h. Dans la classe, Mme Y, une microbiologiste spécialisée dans la biologie marine venait en aide à Thwe Thwe qui très vite, comprenait les limites de son vocabulaire scientifique en anglais. Les élèves étaient de tout âge, de tout genre et provenaient de différentes ethnies qui composaient la Birmanie. Je me sentais honorée d'être à leur contact et de partager ces semaines de formation. Ils voyaient bien que j'étais malade puisque je devais interrompre les cours pour courir aux toilettes régulièrement. Nous aimions rire de mes discrètes pauses fréquentes...

Au bout de quelques mois, le projet était fini. Je devais faire les évaluations de chaque élève de manière à pouvoir les certifier. Au cours de ma mission, les élèves et moi avions subi des pressions externes qui ont intimidé certains des étudiants au point qu'ils n'osaient plus venir sous peur de représailles. J'étais là depuis trop longtemps et la junte militaire était partout. Dans mes cours, j'aimais semer des graines de conscience et de liberté en les incitant au fléchage des aliments, en les encourageant à regarder l'origine des produits, en les incitant à considérer l'expérience de mon pays après 60 ans d'agriculture conventionnelle face à la richesse des terres de leur pays, peu touchées à l'époque par la *main invisible**20*. Je les encourageais à garder leurs héritages culturels et leurs pratiques agricoles ancestrales comme point de repère principal. L'aquaponie régénérative des sols n'était qu'une transition, une sorte de « *4X4 de l'agriculture* ». L'objectif était d'assurer une assiette végétale pleine pour tout le monde, le temps de régénérer la zone contaminée.

Vers la fin de ma mission, les étudiants et moi-même subissions de violentes pressions de l'extérieur. Par peur de représailles, certains étudiants ont abandonné la classe, d'autres ont pris ma défense en dénonçant ces attaques auprès du vénérable Sayadaw. Je fus donc sous sa protection jusqu'à la fin de la mission.

La cérémonie de remise des certifications fut un moment magique. Les élèves avaient organisé une surprise et des journées de voyage dans le pays. Dans certaines circonstances, je devais me cacher sous des couvertures pour passer des barrières militaires afin d'accéder à certains endroits. Malgré ces conditions difficiles, je me sentais vivante. J'étais protégée par mes élèves et avais totalement confiance en eux– de toute manière qu'avais-je à perdre ? J'étais si heureuse de vivre cette expérience de terrain, à la fois sociale, anthropologique et scientifique.

Photo 38 : Terrain de départ au centre, avant le début du projet de régénération
Birmanie (2018)

Photo 39 : Travaux en cours, Birmanie (2018)

Photo 40 : Fin de mission, transformation d'une décharge à ciel ouvert en micro-ferme, Birmanie (2018 - 2019)

Mon retour en France fut brutal. Il n'était pas non plus totalement prévu puisqu'à l'heure actuelle, mes affaires sont encore au Vietnam. Je suis partie en catastrophe de Birmanie grâce au moine Sayadaw car les pressions s'intensifiaient (menaces, pression psychologique, dissuasion, violence verbale, intimidations). J'ai malgré tout persisté et terminé les enseignements.

Six heures après mon atterrissage à l'aéroport CDG, je fus hospitalisée en pneumologie. Je crachais du sang et je n'arrivais plus vraiment à respirer – j'avais perdu plus de 50 % de mes capacités pulmonaires. Plusieurs jours d'examens montrèrent que je n'avais ni tuberculose, ni autres infections. Selon le chef de service de pneumologie, les saignements pouvaient provenir de la brutalité du choc psychologique des derniers évènements.

Par ailleurs, quelques jours après mon hospitalisation, j'apprenais que quelqu'un que je croyais être un ami, avait décidé de m'expulser de ma propre association. Il avait été motivé par nos désaccords concernant une collaboration exclusive avec une grande entreprise alors que je souhaitais plutôt travailler avec divers acteurs pour l'intérêt général.

Après cette déception, une autre vie commença cet hiver 2019 en France au creux d'une petite chambre confortable. Ma famille me procura un réconfort et un soutien inconditionnel. J'avais la ferme intention et l'envie d'expérimenter ces méthodes régénératives dans un climat bien différent de ceux que j'avais connus ces dernières années – je saisis donc l'opportunité de lâcher-prise sur cette trahison et pu renaître ici avec un *microbiote social* engagé et militant.

Photo 41 : Chantier participatif pour la construction de la serre géothermique, France 2020

PARTIE II.

PENSER À PANSER L'IMPENSE : FOURNIR DES OUTILS DE TRANSITION ALIMENTAIRE & AGRICOLE

L'IMPENSÉ DE LA RÉSILIENCE ALIMENTAIRE

Stéphane Linou **21 le démontre bien depuis des années, les problématiques systémiques non résilientes sont liées à des pensées politiques court-termistes. « *la mondialisation, le développement des nouvelles technologies, la surconsommation des ressources naturelles ou les enjeux environnementaux, conduisent à identifier et à évaluer de nouveaux risques, générateurs de crises, nouvelles dans leurs processus de déclenchement mais plutôt classiques dans leurs conséquences* » dit François Laplace, ancien Colonel de l'Armée de Terre et Conseiller militaire. « *Nous avons commencé par « courir » après la nourriture (chasse et cueillette). Puis, afin de commencer à sécuriser son accès, nous l'avons produite autour de nous (invention de l'agriculture). Ensuite, pour la sécuriser, nous nous sommes regroupés en communautés. Et aujourd'hui ? C'est la nourriture qui « vient » à nous, sans que l'on s'inquiète vraiment du « comment ? » et du « jusqu'à quand ? »* » dit Stéphane Linou dans son livre. Il aura fallu attendre la crise du COVID en 2020, pour enfin voir apparaître un début de prise de conscience de l'ampleur du problème et des risques bien réels que nous encourons actuellement :

o   Rupture de stock (matériel, bois, minéraux, outils de maraichage, pénurie alimentaire…)

o   Risques majeurs (frustration de l'assiette vide, violence, désorganisation, chaos…)

o   Vulnérabilité sociétale (isolement, solastalgie, suicide, mal-être, perte des points de repère, perte des savoirs manuels…)

o   Une agriculture fragilisée (dépendante des bras bénévoles, d'emplois précaires, actifs bientôt à la retraite…)

Nos territoires ont seulement 2 à 3 jours de stock alimentaire. Quand on sait que nos premiers besoins physiologiques (manger, respirer, dormir, se reproduire) ne sont plus sécurisés sur nos territoires il y a de quoi prendre la fourche, relever les manches et semer des actions pour réduire ces vulnérabilités. La crise du COVID a donc permis de lever le voile du confort illusoire en pointant les vulnérabilités de nos sociétés industrialisées et mondialisées. En effet, entre nos vulnérabilités immunitaire, sociétale, environnementale, logistique et économique, nous devons faire face aux enjeux des dérèglements climatiques, l'extinction de la biodiversité et les risques systémiques des territoires liés à la dépendance des flux externes pour nourrir la population. La santé de notre microbiote intestinal dépend donc de la bonne santé des territoires qui se compose du microbiote des sols et du microbiote social. Le complexe « humain-environnement-social- territoire » n'opère plus de manière organique depuis déjà bien longtemps. Certains comptent sur la « technologie » pour nourrir toute une population en oubliant les problèmes liés à la dépendance aux flux externes servant à acheminer les matières premières nécessaires (cuivre, aluminium, carte mémoire) depuis l'Asie. Par ailleurs, les changements des pratiques agricoles tels que l'agroécologie, l'agroforesterie et le sylvopastoralisme, permettront de nourrir 10 milliards d'habitants, mais seulement d'ici quelques années voire quelques décennies. Nourrir un monde en crise avec des écosystèmes à bout de souffle nécessite une analyse pluridisciplinaire prenant en compte plusieurs facteurs : la succession écologique, les délais des processus régénératifs des écosystèmes, le temps pour former les futurs actifs agricoles, les pénuries et les risques systémiques et les volontés politiques.

Il y a donc une **dyssynchronie entre les délais de régénération des écosystèmes & les besoins alimentaires.**
Enclencher un modèle agricole régénératif des services écosystémiques pour assurer une alimentation locale basée sur les circuits courts est fondamental et il convient d'aller plus loin en intégrant des *outils de transition agricole et alimentaire* calibrés sur ces temps de « cicatrisation » des écosystèmes et les conséquences des dérèglements climatiques. Cette question de délai a été le point de départ et une source d'inspiration pour mes travaux qui tentent très modestement d'apporter une réponse à ce problème de temporalité dont l'envergure est internationale.
Alors :
« Comment nourrir 8,5 milliards d'habitants en 2025 quand : (1) nos écosystèmes sont à bout de souffle, (2) qu'il faut du temps au écosystèmes pour se régénérer, (3) que personne ne veut entendre parler de décroissance, (4) que la résilience alimentaire est un impensé, (5) que nous dépendons des flux externes, (6) que l'écocide continue sans impunité et (7) que les financements se volatilisent dans d'autres priorités ? »

À cela je propose les outils de transition agricole et alimentaire qui visent à prendre en charge temporairement la production végétale en milieu urbain et rural de manière concomitante aux changements des pratiques agricoles régénératives qui nécessitent leurs propres temporalités (20-30 années).

Cette semaine de printemps où la France a échappé au rationnement

Par **Marie Bartnik** et **Olivia Détroyat**
Publié le 31/12/2020 à 12:54,
Mis à jour le 02/01/2021 à 10:31

Un rayon dévalisé, dans un supermarché de Villeneuve-la-Garenne en mars dernier. *AFP*

GRAND RÉCIT - Fin mars dernier, face à la flambée de l'absentéisme et des commandes non livrées, le gouvernement a demandé un plan d'urgence aux distributeurs.

L'armée française réquisitionnée pour continuer à faire tourner les grandes surfaces alimentaires déstabilisées par une explosion de l'absentéisme; les forces de l'ordre mobilisées pour canaliser les files d'attente géantes devant les magasins; les achats de pâtes et de riz limités à deux paquets par foyer, ceux d'eaux à six bouteilles... Le dernier week-end de mars, à la demande du gouvernement, les enseignes de distribution ont conçu des plans d'urgence à mettre en œuvre face au risque pesant sur l'approvisionnement alimentaire des Français.

https://www.lefigaro.fr/societes/cette-semaine-de-printemps-ou-la-france-a-echappe-au-rationnement-20201231

Article du Figaro **22 -décembre 2020

L'IMPENSÉ AGRICOLE : LA SUCCESSION ÉCOLOGIQUE

La révolution verte dans le monde

L'origine de la révolution verte provient des États-Unis et du Mexique. À l'époque, la réforme agraire mexicaine était soucieuse de soutenir l'urbanisation et l'industrialisation dans les années 30. Le vice-président américain Henry Wallace perçut les ambitions du président mexicain Camacho comme une opportunité économique et une chance pour les intérêts militaires américains. La fondation Rockefeller travailla dès lors avec le gouvernement mexicain de concert pour révolutionner les savoirs agraires.

Ce fut à l'initiative d'une volonté politique et industrielle que les méthodes agricoles changèrent de manière à augmenter les rendements dans l'ensemble des pays industriels. En France, la capacité de production d'un paysan passait de 4 familles à 150 familles grâce au bond technologique et au foncier de la révolution verte. Avec les « progrès scientifiques et techniques » réalisés dans la chimie de l'entre et de l'après-guerre, les agriculteurs de l'époque n'eurent pas vraiment le choix que de raser leurs haies et forêts pour installer le paysage que nous connaissons actuellement. La sélection variétale, les produits phytosanitaires, la mécanisation et l'irrigation remplacèrent les savoir-faire ingénieux et pratiques de nos paysans, fins connaisseurs de nos terres. L'exode rural causé par la grande mécanisation transformait nos familles paysannes en citadins et affama nos savoir-faire paysans. A contrario, d'autres familles agricoles ont vu leurs exploitations grandir et leur niveau de vie augmenter. Au Mexique, la révolution verte provoqua également un exode rural avec la mécanisation qui permit d'accélérer la préparation des sols et d'améliorer le confort ergonomique des paysans. En Inde, au Pakistan, aux Philippines, en Thaïlande et au Vietnam, ces méthodes permirent aussi plusieurs cycles de récolte par an et une intensification des cultures. L'exemple dont je me souviens le mieux pendant mes années au Vietnam, c'est d'avoir pu constater l'abandon de la rizipisculture, c'est-à-dire la fertilisation des rizières par l'élevage de poissons (Tilapia) disparaitre au profit des produits phytosanitaires pour produire 2 et parfois 3 cycles de riz par année – contre un seul cycle avec les méthodes paysannes

Traditionnelles locales. Le tilapia, s'exportant peu en Europe, disparu progressivement pour laisser la Chine l'exporter aux États-Unis.

À l'époque déjà, en France, beaucoup de paysans ne comprenaient pas les choix politiques et nous alertaient des dangers de ces méthodes agricoles « modernes », même si celles-ci permettaient d'éviter une famine avec l'augmentation spectaculaire des rendements pour répondre à l'accroissement de la population. Même si le niveau de vie et le confort des agriculteurs étaient améliorés, les logiques politiques d'import et d'export ont rendu nos modes de production agricole et nos systèmes alimentaires très vulnérables aux fluctuations logistiques, aux transports et à la volatilité des prix du marché. « *Quand un paysan ne peut plus acheter ses engrais, ses semences, et autres produits phytosanitaires**23, c'est toute une vie qui bascule, une famille qui s'effondre et tout un peuple qui a faim* » comme disent les Indiens réfugiés en Birmanie que j'ai pu rencontrer.

L'exemple de la crise alimentaire de 2006 à 2008 en Inde et la flambée des prix du phosphore sont des exemples historiques de notre vulnérabilité systémique. En France, la prise de conscience est présente et en cours ; Tout a débuté avec l'agriculture raisonnée, puis l'agriculture biologique. Mais il faut aller plus loin et je suis optimiste en constatant les dialogues possibles avec les chambres d'agriculture et l'intérêt qu'elles portent à mettre en route des méthodes plus pérennes comme la rotation des cultures. Seulement, j'ai pu constater qu'entre les effondrements des services écosystémiques, les difficultés climatiques, la désertification, la pollution de l'eau et les risques majeurs mentionnés par Mr Linou, nous avons un problème d'envergure LE TEMPS.

Je ne vois pas comment est-il possible de nourrir 67 millions de français connaissant l'état de nos sols. Les ruptures des chaînes d'approvisionnement mondialisées, les pénuries des matériaux et la finitude des ressources naturelles dessinent des enjeux complexes intriqués les uns aux autres qui nécessitent une réflexion holistique et l'anticipation de la gestion des risques majeurs pour une population.

La temporalité est pour moi, le grand impensé agricole car le temps de *cicatrisation* des écosystèmes n'est pas calibré sur le temps de l'échelle humaine. Nous avons *oublié* les connaissances portant sur notre maison, la Terre. Nous avons également oublié que nous n'étions pas au-dessus des règles biologiques et naturelles régissant les écosystèmes – car nous sommes une partie de ce grand écosystème.

Notre sécurité alimentaire dépend de la santé des microbiotes

Durant ces dernières décennies, nous avons donc fragilisé l'ensemble des écosystèmes qui constituent notre planète et qui ne sont, pour la plupart, plus opérationnels pour pouvoir produire sans être perfusés aux produits phytosanitaires.
J'aime comparer le sol a *un intestin géant* sur lequel nous marchons, ou à un endomètre dans lequel nous plantons une graine, et dont *le microbiote* représente la clef fertile de la production et de la conservation des écosystèmes. Le rapport du GIEC du 08 / 08/2019**24 **nous met en garde sur le lien entre l'état de santé de nos sols et l'insécurité alimentaire. Claude et Lidia Bourguignon **25 alertent la sphère scientifique francophone depuis les années 90 et aux États-Unis le Dr Elaine Ingham, **26 célèbre microbiologiste américaine, alerte aussi le monde anglophone sur ces mêmes constats et risques majeurs. Il est donc urgent de soigner la Nature et de l'accompagner dans sa guérison, comme des infirmiers, puisque nous dépendons d'elle pour nous nourrir.
À travers mon infection du *microbiote intestinal*, j'ai compris à quel point le monde vivant repose sur des fonctionnements et des équilibres microscopiques. Ce monde invisible biologique est la clef du monde chimique naturel. C'est par lui que la transformation, la digestion et la minéralisation opèrent. À l'époque, j'avais beau manger le plus bio et le plus sainement possible, rien ne restait dans mon corps, je n'avais plus ce microbiote pour digérer, assimiler et distribuer les vitamines et les nutriments nécessaires à ma bonne santé – mon système immunitaire s'affaiblissait et je maigrissais. Pour que les humains se revivifient, cela commence donc par *la guérison* du *microbiote des sols*. À travers cette maladie et mes expériences agricoles dans le monde, j'ai compris à quel point il y avait une grave dévitalisation de nos sols et des aliments que nous

mangeons. Notre activité économique déforme et stérilise la Nature. Si je mange des aliments appauvris en nutriments et enduits de produits chimiques, je ne peux que l'être moi-même. Dans ma perception du monde, tous *les microbiotes* sont liés. De la santé de la terre et de l'eau, dépend donc la nôtre.

La temporalité : des délais de *cicatrisation* des écosystèmes incompressibles

La succession écologique est le point de départ de ma réflexion, le socle de mes expérimentations et des recherches menées dans la Ferme Blue Soil. La succession écologique est une succession de stades consécutifs. Parmi cette succession écologique **27 on distingue la succession végétale et la succession biologique. L'une ne va pas sans l'autre. C'est actuellement la succession biologique qui engendre la succession végétale.

LA SUCCESSION ÉCOLOGIQUE

La succession biologique du sol provoque la succession végétale

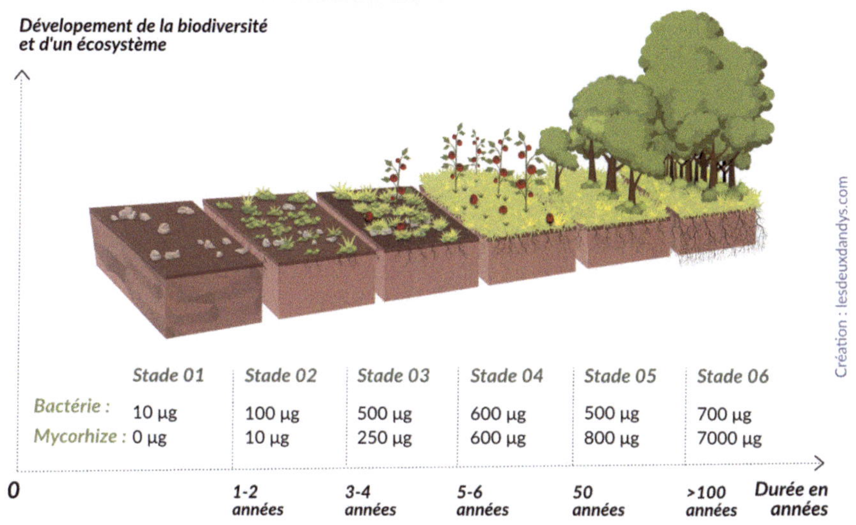

Graphique inspiré par les recherches du Dr.Ingham

Figure 1 : *La succession écologique : c'est une succession de stades où différents processus régénératifs opèrent pour régénérer le sol, les services écosystémiques, les cycles biogéochimiques et la biodiversité.*

« La succession biologique du sol cause la succession végétale ». Dr.Ingham

Lorsqu'on part du sol nu, il faudra des centaines d'années pour retrouver des forêts primaires. La succession des stades induit la notion de temporalité car les processus régénératifs des écosystèmes (cicatrisation) ont leurs propres délais pour opérer leur mission régénérative. J'appelle cela le *temps de cicatrisation*. Il n'est malheureusement pas calibré sur le temps de notre échelle humaine. Ainsi, un sol peut mettre 3 à 10 ans pour redevenir fertile et productif, alors que nous mettons quelques jours à quelques mois pour cicatriser une plaie. Voici le problème de la temporalité: Nous devons continuer à manger le temps que les écosystèmes *cicatrisent*. Pour cicatriser, ces derniers doivent bénéficier d'un accompagnement par le changement des pratiques agricoles, d'une réduction temporaire de la pression productive et de temps. Vous comprenez désormais pourquoi je parle d'outil de transition agricole dont la vocation est de produire en régénérant tout en prenant temporairement la production agricole d'un micro-territoire.

Le sol nu cumule tous les désavantages : évaporation de l'eau, érosion et lessivage, aucun stockage de carbone, très peu de vie biologique. L'ensemble de ces facteurs crée une rupture des cycles biogéochimiques (cycle de l'azote, du carbone, du phosphore, de l'eau, etc). Aujourd'hui, nos terres agricoles sont devenues de véritables steppes désertiques et elles se situent au stade 0 (sol nu) sur le schéma ci-dessus. Pourtant, au temps de l'agriculture paysanne, nos sols étaient aux stade 3 et 4 pour les ceintures maraîchères, c'est-à-dire avec une dominante bactérienne et aux stades 4 et plus avec une dominante de champignons pour les haies et les forêts.

La bonne nouvelle, c'est que la nature est résiliente et se régénère – seulement elle ne vit pas dans les mêmes temporalités que nous, les humains. Claude Bourguignon **28 mentionne une fenêtre temporelle allant de 5 à 25 années pour rendre un sol fertile. Pour mieux comprendre, si je me fais opérer des ménisques du genou à l'hôpital et que mon collègue me demande de courir le marathon de NYC le lendemain, je ne vais pas casser trois pattes à un canard ! J'ai besoin de temps pour cicatriser et m'entraîner.

De manière similaire, aujourd'hui, nous demandons à nos sols de produire alors que nous les maltraitons depuis la révolution verte. Mais dès lors que nous arrêtons de la perfuser, nous lui demandons de produire et d'être économiquement viable immédiatement. Pourtant, nous allons devoir patienter dans l'urgence car le rétablissement des écosystèmes prend du temps et se caractérise donc par cette succession de stades**29.

Lorsque j'ai compris que nous repartions de zéro à mesure que notre économie et notre maison commune, la Terre, s'effondrait, j'ai continué à raisonner autour de cette temporalité que beaucoup ignorent encore face aux enjeux majeurs que l'humanité va devoir surmonter. Dans mes constats, les terres du climat français (climat avec 4 saisons) nécessitent techniquement plus de temps pour régénérer leurs écosystèmes par rapport aux terres des climats tropicaux et subtropicaux (2 saisons). Dans mes observations sur les climats tropicaux, cela pourrait éventuellement s'expliquer par l'activité biologique qui est souvent continue. Il n'y a pas de saison hivernale et les températures ne descendent jamais en dessous de 13°c, soit la température minimum optimale **30 pour assurer un minimum d'activité biologique et donc une production végétale. Mes travaux s'orientent principalement sur cette problématique lorsqu'on parle de résilience alimentaire.

DES PAYSANS SUICIDAIRES

Stop à l'agribashing

Depuis quelques temps, j'observe un phénomène unique en France, celui de l'agribashing**31. Je comprends la colère des consommateurs, les scandales des produits phytosanitaires, etc. Seulement je trouve étrange et injuste de s'en prendre aux mains qui nous nourrissent. Moi-même agricultrice dans la Drôme, j'ai vu les bâtiments de certains de mes collègues brûlés, des hommes se faire frapper sur leurs tracteurs. Les agriculteurs ne dépendent pas tous du même régime agricole.

Il y a les conventionnés par la Politique Agricole Commune, il y a des non-conventionnés, il y a des répartitions inégales de la P.A.C, il y a des petits paysans qui se paupérisent et qui ne peuvent plus avoir un business plan rentable. La logique de l'exploitation des terres passe par le sacro-saint marché financier. On ne parle plus d'économie paysanne, mais de financiarisation agricole.

Je veux vous expliquer un peu le parcours expérimental de mon installation qui a coûté environ 30 K€ et deux années de formalités administratives. Le foncier et le temps passé sur vos parcelles déterminent votre statut, le montant de vos cotisations (de 800 € à 4500 € par an selon votre statut), votre couverture sociale, votre droit aux aides, votre situation financière et votre vie quotidienne. Les cases administratives déterminent donc votre niveau de vie quand vous êtes agriculteurs. Lorsqu'un agriculteur est conventionné, les agents contrôleurs viennent vérifier qu'il ait bien respecté le calendrier préétabli. Ainsi, on dit à l'agriculteur quoi mettre, à quelle époque de l'année, on lui suggère où commander et quoi acheter. Si l'agriculteur ne respecte pas ce calendrier préétabli, il peut être sermonné et même amené à rembourser les subventions – c'est le cas d'un agriculteur dans la région. Les agriculteurs sont ainsi devenus un rouage de la financiarisation d'une grosse machine agricole. Les politiques d'import et d'export font leurs lois et la pression productive contre un faible salaire est devenue monnaie courante. Nous sommes pieds et poings liés malgré notre volonté à changer les pratiques agricoles. Le 22 novembre 2018, Céline Imart expliquait à Nicolas Hulot sur le plateau télé de l'Émission Politique qu'il fallait des mesures de transition agricole et du temps pour réussir une transition des pratiques vers une agriculture sans pesticide et sans herbicide. Pour le coup, je l'ai prise au mot lorsque je suivais l'émission depuis la jungle birmane avec mon ordinateur. Je pense donc que ces mouvements d'agribashing ne s'en prennent pas aux bonnes personnes. Les agriculteurs ont la corde au cou s'ils ne produisent pas.

Et si on essayait de comprendre l'ensemble du système ? Et si on regardait un peu plus haut, chez les décisionnaires ? Les politiques d'avant nous ont menés jusqu'ici. Nous faisons les frais de ces décisions qui appartiennent au passé.

La bonne nouvelle c'est que « maintenant », c'est le moment d'agir pour évoluer vers ces changements de pratiques agricoles régénératrices. Il est vrai qu'il y a un décalage entre la temporalité des citoyens et celle des politiques. Il est vrai que la lenteur administrative est déconnectée du terrain. Cependant, j'ai pu rencontrer les humains derrière les institutions et j'ai vu des gens à l'écoute, concernés. J'ai aussi vu des gens qui ne voulaient rien entendre, bien sûr – Seulement comment réagir face à ces murs ? Les convaincre ? Me positionner en luttant contre eux ? Agir avec ceux qui m'accordaient de l'attention ? Ou « faire avec » et tenter de me démarquer par l'exemple et par l'action ? Mon choix a toujours été de créer de la cohésion tout en actionnant le levier du « *faire par l'exemple* ». La cohésion sociale inclut pourtant aussi les acteurs que souvent nous critiquons. Notre société est elle aussi une biodiversité humaine : il y a les militants, il y a les pensants, les créateurs, les exécutants, les initiateurs…Nous sommes une biodiversité d'acteurs et d'actrices spécialisés et complémentaires. Suis-je là pour juger qui est bien et qui ne l'est pas ? Est-ce vraiment pertinent d'avoir cette pensée dualiste ? De mon expérience, je préfère la voie du milieu, celle qui avance par l'action et prône l'unité.

Je pense qu'une partie de la réponse est aussi dans la régénération du microbiote social

Les salaires des agriculteurs dépendent des prix du marché et des primes

Les éleveurs sont directement concernés par les fluctuations du marché. Je me souviens m'être entretenue au Vietnam avec un éleveur bovin qui devait attendre chaque jour 15 h de l'après-midi pour connaître le prix du litre du lait. La grande multinationale laitière qui a pris le marché du Vietnam met désormais les petits producteurs à genoux. Les prix des importations sont moins élevés que la production locale et surtout, il faut rappeler que le régime alimentaire local asiatique n'est composé d'aucun produit laitier, et cela depuis des générations. Mais avec l'arrivée des australiens, des américains et des européens, j'ai pu observer une hausse considérable de la demande en hamburger et en produits à base de lait de vache.L'acculturation et les lois du marché financier ont elles aussi changé la toile de fond vietnamienne.

En France, beaucoup d'éleveurs mais aussi des maraîchers, des céréaliers, des horticulteurs connaissent le même sort. Ils vendent à perte **32 alors qu'ils travaillent 7 jours sur 7. Ainsi, en plus d'être isolés du reste de la population car travailler avec les animaux et les sols requiert d'être constamment en service et assigné à résidence, les agriculteurs sont bien souvent seuls avec leurs machines et leurs ennuis. La situation est d'autant plus injuste quand quelqu'un vient les insulter dans leurs champs. Sont-ils responsables des politiques imposées et des enseignements choisis dans les lycées agricoles ? Je ne pense pas. Ce qui est sûr, c'est que le monde agricole est en grande souffrance, perfusé lui aussi aux intrants et aux mains-d'œuvre bon marché. Nous avons perdu nos savoir-faire et notre solidarité sociale.

Ainsi, dans le monde actuel, les politiques ont progressivement guidé les chambres d'agriculture du territoire de manière à répondre aux marchés financiers et aux industries. J'ai l'impression que les savoirs agronomes et les savoirs pratiques paysans se sont ignorés mutuellement pour en arriver à une scission. Je fais le malheureux constat que l'agro-industrie a bien souvent saucissonné, dévitalisé et mis en silo l'ensemble des processus vivants : les processus naturels biologiques des sols, les gènes de l'ADN, l'équilibre des cycles géo-biochimiques **33. Cette industrie responsable de la délocalisation des productions avec les imports et les exports a fragilisé la souveraineté alimentaire locale ainsi que la santé (physique et psychologique) des agriculteurs.
Nous sommes à genoux, des maillons d'un rouage bien huilé, ceux et celles qui nourrissent les autres citoyens sont détournés de leur tâche principale (produire en régénérant) en devant répondre aux demandes administratives, aux règlementations, aux logiques financières et aux choix politiques.

Pourtant, je reste persuadée qu'une science et des politiques au service des savoirs pratiques des paysans et du vivant représentent les solutions pour rétablir l'équilibre entre la nature, les paysans et l'économie. Aux État-Unis, Charles Walters**34, économiste fondateur de l'écoagriculture, disait en 1970 que « pour être économique, l'agriculture doit être écologique » (« *To be economical, agriculture must be ecological* »). Je suis pleine d'espoir quant aux changements en cours et prône un monde où l'on fait ensemble. Plusieurs courants de pensée ou de faire émergent. Il n'est pas l'heure de la division, mais plutôt de l'unification pour faire ensemble. Ne soyons pas non plus naïfs face aux stratégies « *greenwashing* » mises en place.

En 2020, le répertoire national des certifications professionnelles (RNCP) faisait un appel national aux métiers émergents. J'ai donc mis du cœur à l'ouvrage pour élaborer plus de 350 h de formation portant sur ces métiers émergents (aquaponie et écoagriculture). Nous attendons toujours à ce jour le retour du RNCP. La prise de conscience semble donc être en plusieurs temps, à différents niveaux et à différentes vitesses. En attendant l'installation des solutions, nous devons nous faire confiance, être solidaires avec les paysans qui manquent de bras, de moyens financiers (pour beaucoup), de temps pour vivre (7j/7), de temps pour faire leur transition et surtout de cohésion sociale.

Si nous voulons des pratiques agricoles régénératives et éviter l'agriculture de précision robotisée et connectée, nous devons accompagner nos paysans dans le changement, former les futurs actifs et faire preuve *d'esprit de corps.*

Être paysan ne s'improvise pas

Quelles que soient les méthodes agricoles, dès lors que nous voulons changer les pratiques pour évoluer vers une agriculture régénérative, l'organisation totale est à repenser. Si l'on veut moins mécaniser, stopper les perfusions fertilisantes et les biocides, alors il convient de prévoir plus d'actifs agricoles et plus de collaboration. J'ai bien vu qu'il fallait plus de temps, des salariés ou des bénévoles réguliers pour arriver « à sortir » à peine un smic**35. Mes collègues professionnels français qui gèrent seuls de 45 à 300 hectares, sont avides de se former et de pratiquer ces méthodes régénératives. *Mais alors comment être économiquement rentable, garder la tête en dehors de l'eau et mettre seul en route des pratiques moins mécanisées et réduire les phytos ?* L'enjeu est de taille et requiert beaucoup de résilience psychologique, financière et des sacrifices sur le plan personnel. Il faut le soutien des politiques.

À l'étranger, comme en France, j'ai rencontré beaucoup de paysans et paysannes courageux et volontaires pour « soigner la terre tout en produisant ». Cependant j'ai bien remarqué qu'ils tenaient quelques années avant de revenir au conventionnel ou alors acceptaient de vivre avec de maigres revenus. D'autres avec l'inflation des prix des engrais**36, ont revendu leurs terres ou se sont suicidés. Sur mon chemin, j'ai rencontré beaucoup d'agriculteurs et d'agricultrices désespérés, endettés, malades et dégoutés de leurs métiers. J'ai aussi rencontré quelques optimistes, révolutionnaires, initiateurs du changement, et de fabuleux courageux et courageuses qui donnent espoir de voir émerger une autre agriculture. Là aussi, le temps compte pour eux…

La viabilité du modèle économique est la première source des échecs à l'installation agricole et l'isolement social est la deuxième cause des échecs de la pratique et mise en place des méthodes régénératives. Si les paysans abandonnent leurs machines, il leur faut plus de bras et de courageux dans les champs. Dans les systèmes communistes (Vietnam), les travaux agricoles sont la tâche de toutes et tous. Les paysans ne sont pas en compétition, ils sont presque des fonctionnaires de l'État – Au Vietnam, les pénuries alimentaires ont tellement marqué les esprits que la résilience est non seulement alimentaire, mais elle est locale et installée à chaque rue, dans chaque famille. Lors de la crise sanitaire et sociale, le pays a fermé ses frontières, ce qui a stoppé net l'activité économique la plus rentable du pays, le tourisme. Pendant un moment, les habitants ont donc cessé de se mettre en compétition. La hausse et le paiement des loyers ont été stoppé, les restaurants se sont transformés en cantines populaires pour les habitants de chaque rue et les paysans n'ont jamais manqué de bras pour la récolte du riz. En France, nous avons perdu de nombreuses récoltes par manque de bras bloqués aux frontières d'un pays entièrement immobile.

Convertir 60 hectares de monoculture conventionnelle en culture biologique ou en agriculture régénérative est utopique lorsqu'on est seul avec ses machines et dépendant des subventions. Mes collègues agriculteurs du Lot qui cultivent l'ail et les melons me partagent souvent leurs fragilités et leurs difficultés. Certains m'avouent à demi-mots que leur rentabilité dépend de l'aide de leurs familles et de leurs amis bénévoles. Une saison entière, soit plus de 6 mois de travail peut partir en fumée avec un mégot de cigarette dans le sud, lors d'un épisode de grêle ou encore d'une gelée trop tardive s'ils sont en agroforesterie.

Certains de mes collègues appellent les néo-paysans les « *Jean de Florette* ». Je comprends que la moquerie soit facile. Devenir paysan ne s'improvise pas, ces métiers de la terre et de l'eau sont des métiers nous mettant au service de la nature et du collectif. Avant, les paysans l'étaient de génération en génération. Cependant, comme tout est impermanence, l'agriculture souffle un vent nouveau d'actif agricole. En 2025, la plupart de nos agriculteurs seront à la retraite. Qui prend la relève si nous ne le faisons pas ? les multinationales ? la Chine ? les robots ? Je pense que nos futurs paysans sont aussi dans les villes.

Cette fonction nourricière si centrale dans une société, nous rend souverain et requiert une transmission des savoir-faire pratiques.

Alors retroussons les manches, formons-nous et innovons.

La réponse est le nombre

À travers mes longs voyages, j'ai fait l'expérience de différents types de tissus sociaux et de structures économiques : aux États-Unis le capitalisme à son apogée, au Vietnam le communiste d'Ho Chi Minh, et en Birmanie la dictature de la junte militaire et ses zones de conflits. Comme le mentionne un ami agriculteur du sud-ouest installé sur 45 hectares bio, la survie de son activité dépend du bon vouloir des aidants (sa mère et ses amis). Il ne touche pas de subventions de la P.A.C. Son courage d'être passé au bio, est un exemple que beaucoup suivent au niveau national. Récompensé par les paroles de ses clients, financièrement il ne peut payer ses factures et se sent très vulnérable. Il me fait part de sa joie lorsque sa mère et ses amis viennent prendre la relève pour qu'il puisse s'occuper de sa fille.

Au Vietnam et en Birmanie, il n'y a principalement que des paysannes car ce métier semble être essentiellement féminin dans les campagnes. Il était encore un peu préservé en 2016 malgré les avancées stratégiques et technologiques de la révolution verte. Ces systèmes traditionnels, comme celui de Tra Qué (avant le tourisme), sont encore autonomes, locaux, valorisés par le corps social, mutualisables. La valeur de la propriété foncière est définie tout autrement. J'ai pu bénéficier de ce macro-organisme social qui fonctionne comme un organisme vivant. Là-bas, les paysannes et paysans ne sont pas seuls, ils font *esprit de corps*. Là-bas, 3 à 8 personnes bénévoles, bien souvent des voisins, venaient toutes les semaines s'occuper de la ferme. Je pouvais vraiment compter sur ceux et celles qui venaient et gardaient les lieux. Cette organisation sociale permet de transmettre les savoirs pratiques et de porter le poids de la production à plusieurs sur des échelles plus locales et tout aussi rentables. Si bien que L'idée de partir en vacances devenait possible pendant que la ferme continuait à tourner.

Toutefois, je ne suis pas en train de faire l'apologie du communisme ou d'autres idéologies. J'ai seulement eu l'opportunité d'avoir vécu dans ce système. J'ai donc conclu qu'il est bien plus facile d'opérer sur le plan agricole dans ce type d'organisation sociale paysanne plutôt que dans une organisation individualiste où toute la charge est portée par un seul homme ou une seule femme.

DES OUTILS DE TRANSITION AGRICOLE ET ALIMENTAIRE

Patienter dans l'urgence

« *Comment nourrir 67 millions de français quand nos sols et nos agriculteurs sont à bout de souffle, que la résilience alimentaire est un impensé et que nous dépendons des chauffeurs routiers ?* ».
Stephane Linou nous l'a demontré : la resilience alimentaire de nos territoires est un impense politique. En cas de rupture de la chaîne d'approvisionnement alimentaire, nous devrions faire face à 67 millions de personnes frustrées et en colère sur le territoire français. Entre les prochains départs à la retraite des agriculteurs, le manque de renouvellement dans les métiers, le besoin de reactualisation .

des savoirs pratiques et le délai de transmission des savoirs-faire, notre équilibre peut être rompu. Avec les méthodes d'agriculture actuelles (agroécologie, sylvo-pastoralisme, agroforesterie...) la *zone d'insécurité alimentaire* est comprise entre 5 a 10 ans car nous dépendons des services écosystémiques et de leur bonne santé. Or, ils ne sont pas en bonne santé et leurs délais régénératifs sont longs et non calibrés sur les besoins de l'espèce humaine. Après toutes ces années à vivre et à observer d'autres pays, d'autres systèmes, différents climats et différentes problématiques, je suis bien obligée de dire, et cela me contrarie, que mon pays a du souci à se faire quant à sa résilience alimentaire, agricole, sociale et économique. Pablo Servigne parle d'effondrement, celui-ci se manifeste déjà sous forme de multiples micro-effondrements progressifs dans le temps. Ces effondrements sont les symptômes d'un changement nécessaire de notre société et sont souvent précédés par de multiples crises. C'est dans les crises que les solutions émergent et que les nouveaux modèles démodent les normes d'un ancien monde.

Quand Céline Imart **37 demandait d'activer la transition agricole dans l'*Émission politique*, il était**38 expliqué qu'arrêter totalement et d'un coup les herbicides entraînerait une baisse colossale des rendements. Je trouve son raisonnement plutôt juste quand on sait qu'il existe à la fois la coopération, mais aussi la compétition racinaire entre les plantes qui se disputent les nutriments dans des sols complètement nus – donc un sol non résilient. Après ce constat, certains ont opté pour le virage de l'agriculture de précision, robotisée et connectée, qui pourrait remplacer nos paysans. J'ai préféré emprunter la voie de la *succession écologique* pour *penser* un outil de transition agricole et *panser* un écosystème. Comme mentionné précédemment, le temps de cicatrisation engendre une zone d'insécurité alimentaire qui pourrait s'étaler de 5 à 15 ans. Pour ainsi pallier ce problème, j'ai testé et expérimenté empiriquement la microbioponie, discipline qui consiste à combiner la culture des micro-organismes aux cultures végétales dans de l'eau de pluie. Elle se décline en deux sous-disciplines, l'aquaponie régénérative des sols et l'urinoponie. Leurs différences concernent l'origine des nutriments. Pour l'une, c'est la déjection des poissons, pour l'autre c'est l'urine humaine (saine et collectée à la source avec séparation des urines et des matières fécales) –

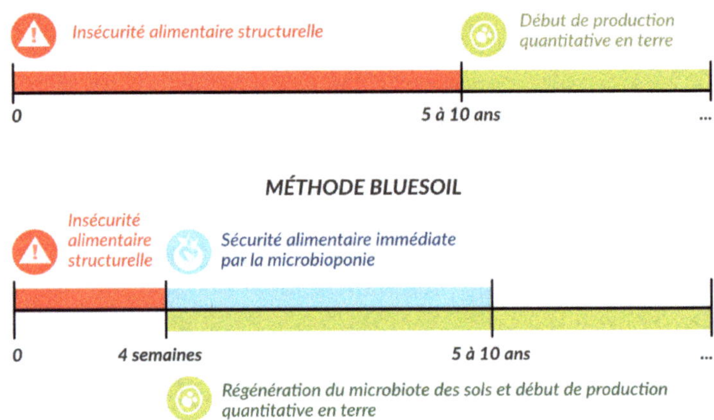

Figure 2 : *La temporalité de la production alimentaire est liée à la temporalité de régénération des écosystèmes*

mais nous en reparlerons ultérieurement dans un autre chapitre. Je propose donc de réduire cette, fenêtre temporelle d'insécurité alimentaire et de risques majeurs a quelques semaines en combinant plusieurs méthodes régénératrices ordonnées sur un axe de temps et suivant le modèle de la succession écologique. Mais il faut anticiper.

La réponse est dans la formation et la transmission des *savoirs pratiques*

2025 c'est demain. La majorité des agriculteurs auront l'âge de départ à la retraite. Le foncier agricole devra trouver des repreneurs pour ne pas se perdre dans les méandres de l'agriculture à grande échelle, robotisée et connectée.
Si tous les « *néo-paysans* » veulent cultiver, il va leur falloir se former, être patients dans l'urgence, prendre le temps de connaître le sol, de rencontrer l'écosystème dans lequel on vit et de laisser à la porte tout découragement, impatience et frustration. La formation passe par les savoirs-pratiques mais aussi les savoirs biologiques des écosystèmes. La formation se fait sur toute une vie, surtout lorsqu'on souhaite produire en régénérant.
L'installation agricole est un parcours du combattant administratif quand on ne vient pas d'une famille d'agriculteur. L'installation ne doit jamais se faire seul ou à deux. L'écart entre ce que l'on imagine et la réalité est parfois très brutal et certains se découragent. La maintenance est permanente, on ne quitte jamais son travail. Il n'y a pas de bureau, ni d'heures de travail dans le métier de paysan. Être paysan, c'est être au service du vivant, protéger son environnement, nourrir un peuple et essayer d'être rémunéré pour cela. Je suis très optimiste quant aux futures générations néo-paysannes qui me semblent à vue d'œil, constituées aussi de plus de femmes.
Apprendre à déployer des stratégies pour ne pas être assigné à résidence, isolé et forcé à utiliser les machines, est primordial pour les futures générations qui souhaitent réaliser le changement des pratiques agricoles.

Définition de l'outil de transition agricole

Face aux multiples enjeux que je vous ai exposés dans les chapitres précédents, j'ai donc élaboré des outils de transition agricole. Parmi eux, il y a la Ceinture Alimentaire pour l'agriculture urbaine et rurale. La Ceinture Alimentaire englobe et ordonne différentes méthodes d'agricultures régénératives (permaculture, agroécologie, ceintures vertes, agroforesterie...). Ces dernières interviennent suivant les problématiques liées aux délais des processus régénératifs des stades de la succession écologique : la temporalité. Il fallait que ces outils de transition agricole et alimentaire soient concrets et qu'ils répondent à différents besoins :
- Besoin de résilience alimentaire immédiate face aux risques majeurs actuels, surtout dans les villes
- Besoin de rétablir les services écosystémiques et les cycles biogéochimiques au plus vite face aux enjeux climatiques
- Besoin de multiplier les lignes de productions et les sources de revenus face aux problématiques économiques des agriculteurs et des agricultrices
En quelque sorte, ces outils sont voués à régénérer un ensemble de *microbiotes*, en partant de l'intestinal avec une alimentation plus saine, à celui des sols avec des techniques régénératrices et enfin avec le microbiote social à l'échelle d'un territoire.

UNE DISCIPLINE VIVANTE : LA MICROBIOPONIE

Une question de positionnement

Voilà deux années que je suis en France et que j'assiste au développement de l'aquaponie telle que je l'ai connue aux États-Unis, en Asie et plus récemment en France. Cette aquaponie là, je ne souhaite pas la pratiquer pour les raisons que je vous ai exposées dans la première partie de ce livre. De mon point de vue, la méga-machine a récupéré cette technologie ancestrale pour en faire une solution dévitalisée. Je préfère faire ce qui me semble juste et reste persuadée que certains systèmes hors-sols peuvent être améliorés, sur de petites échelles et surtout, avoir une fonction régénératrice des sols nourriciers - plutôt que de remplacer les sols laissés sans vie par du hors-sol ! J'ai donc lâché prise et j'ai travaillé sur d'autres systèmes de culture en eau, résilients et low-tech, inspirés de l'aquaponie. Leur fonction première est de produire des micro-organismes capables de transformer la source des nutriments naturels en des nutriments absorbables par les racines des plantes. Plusieurs populations de bactéries résident ainsi dans un système de microbioponie. Ensuite, la deuxième fonction est l'alimentation végétale. Pour éviter les intrants, il convient de travailler en premier avec la microbiologie qui réside dans ces systèmes en eau. Comme le sol, la clef de la fertilité est l'activité des micro-organismes.

Lors de mon expérience aquaponique, je me suis bien aperçue qu'il était impossible d'obtenir une grande stabilité microbienne et qu'elle était même souvent négligée. La qualité de la nourriture donnée aux poissons est aussi un problème – et oui, l'élevage intensif incite à réduire les coûts de production et les granulés sont vraiment peu recommandables, les solutions avec les insectes sont plus intéressantes. Pour ma part, même si l'aquaponie classique m'a inspirée et que je lui en suis très reconnaissante, je la trouve peu résiliente. Elle manque de low-tech, de micro-organismes, de vivant et de symbiose réelle. Technologie ancestrale, je l'ai vu se modifier et se dévitaliser de sa substance à mesure qu'elle gagne en notoriété et en grandeur d'échelle. Entre ce qui est dit et la réalité du terrain, il y a quelques dissonances . Si ce système à la base symbiotique, était vraiment bien respecté dans son essence, il serait structuré sur l'activité microbiologique et non pas sur la rentabilité de l'aquaculture au détriment du système entier. La majorité des aquaponistes font appel aux fertilisants (potassium, calcium, magnésium, etc.) pour faire pousser leurs plantes. Je le sais, je l'ai vu et pratiqué moi-même. Pour moi, cet indice est le symptôme d'une gestion cherchant la profitabilité au détriment de l'équilibre entre les cultures et de la résilience locale. Dès lors qu'on envisage uniquement le profit au désavantage du processus, il y a pour moi, des incohérences. Certains aquaponistes se sont montrés attentifs à mes réflexions, d'autres non. On peut joindre les deux bouts et mieux faire, non ?

Par ailleurs, en comptabilisant les rejets d'eau journaliers dans la nature, et le pourcentage d'eau ajouté par jour, il est évident que l'économie d'eau ne représente plus vraiment 85% à 90% d'eau économisée par an comme cela est souvent annoncé. La première variable à cette économie d'eau est le climat : Plus le climat est sec, plus il est difficile d'arriver à ces données - surtout en aquaponie classique avec une aquaculture intensive. Les climats tropicaux arrivent peut-être réellement à économiser ce pourcentage d'eau si et seulement si, ils ne transforment pas l'aquaculture en système intensif et en système découplé. (voir chapitre 1). D'ailleurs les fondateurs de l'aquaponie commerciale (Murray Hallams, Nelson & Pade, Japan Aquaponics ...) sont majoritairement localisés dans des climats humides –bien différents du climat de la France – Les pères fondateurs enseignent comment l'ajout de fertilisants et les bacs de minéralisation sont importants pour pallier les carences des systèmes dans la production végétale et comment découpler le système aquacole du système de culture de plantes pour pouvoir ajouter des intrants, Le monde de l'aquaponie est vaste selon les pays.

Pour parler de mon expérience dans les systèmes classiques commerciaux, je devais ajouter de l'eau à cause de l'évaporation et la renouveler pour que les poissons ne soient pas à l'agonie avec des charges en ammoniac trop fortes. Cela m'ennuyait beaucoup car l'eau devient une ressource rare. J'ai connu beaucoup de fermes qui perdaient plus de 50 % du cheptel de poissons à cause de l'élevage intensif et du peu de maîtrise du cycle microbien et du système végétal. On mettait des « pansements » partout, on mettait des antibiotiques, on renouvelait l'eau autant de fois que possible afin de sauver les bassins d'aquaculture. Durant toutes ces années, j'ai ainsi remarqué que l'aquaponie classique, ajoutait entre 5 % à 40 % d'eau par jour (selon les climats et la saison) pour maintenir des systèmes productifs qui brassent plusieurs milliers de litres (20000 litres à 40000 litres). Où est donc l'économie d'eau annoncée ? J'étais persuadée qu'on pouvait mieux faire – car je trouve la technologie de l'aquaponie très saine à la base – si encore une fois elle n'est pas détournée de sa vitalité ni même saucissonnée en parties indépendantes ou mise en silo. Le Chinampa et la rizipisciculture (ancêtres de l'aquaponie) utilisent les micro-organismes.

Les peuples premiers savaient intuitivement comment cela fonctionnait sans avoir à regarder au microscope ou sortir d'un master de microbiologie. Pourquoi pas nous ?
Toutes mes années d'expérience en aquaponie m'ont donc amenée à créer la microbioponie afin de pallier aux problèmes soulevés plus haut. Je propose donc autre chose et parfois sans poisson !

La discipline de la microbioponie

Mon objectif est la valorisation des déchets (déjections, urines), des micro-organismes et la culture végétale tout en économisant 80 % à 90 % d'eau par an. En Asie, l'aspect aquacole de mes systèmes était minime étant donné que ce n'était pas ma tasse de thé. Je gardais mes centaines de poissons dans ces gigantesques bassins aménagés pour leur bien-être (bois flotté, galets, courant d'eau). La consommation de poisson (tilapia) était possible mais sur une échelle très locale et permettait d'élever les poissons dans un cycle naturel non intensif. Grâce au tissu social vietnamien et birman, il était dès lors possible d'élever des insectes, de mélanger ces insectes aux pelures de légumes et de nourrir les tilapias avec cette nourriture plus saine que les granulés. Les granulés ont été pendant un moment la nourriture principale des poissons. J'ai pu observer une grande différence lorsque le régime alimentaire basé sur des apports de nourriture non transformés fut appliqué. Ces différences se voyaient sur le comportement des poissons (plus amicaux, vivaces, dynamiques), ils n'avaient pas de maladie – ils étaient en bonne santé – Je n'ai jamais eu de perte de poissons. La seule fois où j'ai perdu mes poissons j'ai failli perdre mes amis. La pompe submersible avait un fil dénudé et le système entier a été électrifié à plus de 220 volts. Depuis cet épisode, je préconise d'éteindre les systèmes avant chaque manipulation.
En allant plus loin dans ma réflexion sur la création de systèmes résilients, je me dis que toute personne, en ville ou en campagne, devrait pouvoir cultiver ses légumes en toute saison. Or, la maintenance et l'appareillage nécessaires pour maintenir des poissons vivants sont très couteux et lourds aussi bien en installation qu'en maintenance quotidienne . L'idée que je cultive est de créer des systèmes hors-sols basés sur la culture de micro-organismes bénéfiques pour la culture en eau et en sol.

*Comment une mère de famille avec 3 enfants habitant dans un 60 m²
sans terrasses dans une banlieue pourrait-elle cultiver des légumes
et des petits fruits en cas de pénurie alimentaire ?* Après plusieurs
essais expérimentaux, je décidai donc de créer une nouvelle
discipline, la microbioponie.
La microbioponie consiste donc à cultiver des micro-organismes et
des plantes comestibles et médicinales. Elle est encore
expérimentale et regroupe deux sous-disciplines : l'aquaponie
régénérative des sols qui inclut les poissons et les insectes à petite
échelle (pour un potager familial) et l'urinoponie, qui est un
système d'urgence utilisable immédiatement en valorisant les
urines de l'utilisateur (possible à plus grande échelle) – C'est un
circuit local en boucle fermée qui tente de mimer les cycles
biogéochimiques.

Une triple fonction

La microbioponie peut être déployée pour :
1)Une fonction nourricière : En fonction des systèmes utilisés, elle
permet d'assurer une assiette végétale. Ainsi, pour 9m2 de lit de
culture en eau, 480 assiettes sont produites sur une année. En
d'autres termes, une personne peut manger une assiette végétale
(ex : salade, basilic, tomate, persil) par jour pendant 365 jours. Pour
atteindre ce même nombre d'assiettes avec une culture en pleine
terre et les mêmes légumes, il faudrait entre 80 m2 et 100 m2 pour
une seule personne et seulement 180 jours seraient couverts s'il n'y
a pas des aléas climatiques, ni de stress hydrique, ni d'inondations,
ni d'invasions parasitaires, ni de gelées tardives.
2)Une fonction régénérative : Quels que soient les systèmes utilisés,
la clef est la culture de micro-organismes. Ces derniers sont donc
similaires aux micro-organismes du sol. Parties prenantes dans la
régénération du microbiote du sol, ces derniers sont transférables du
système au sol. On ensemence donc le sol avec ces micro-
organismes.
3) Une fonction dépolluante : si je passe mon temps à eutrophiser
les eaux pour qu'elles produisent une culture végétale comestible ou
non, le processus inverse est possible pour déseutrophiser (enlever
la pollution de l'eau) des cours d'eaux naturels pollués par les
engrais déversés sur des sols lessivés. Je vois là une piste pour

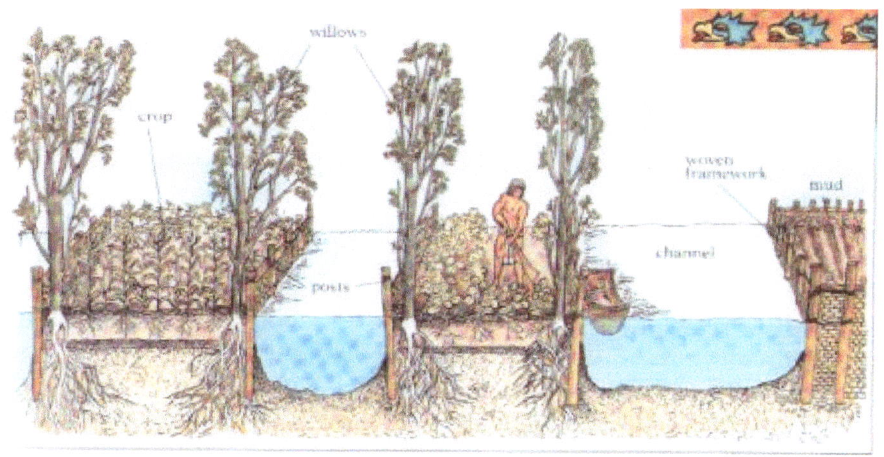

Figure 3 : *Chinampas***39*

dépolluer nos cours d'eau. Pour en savoir plus : https://www.bluesoil.org/projets-et-partenaires/

Une sous-discipline de la microbioponie : l'aquaponie régénérative des sols

La toile de fond de l'aquaponie régénérative des sols est donc la culture de ces micro-organismes. Elle se veut biomimétique en reproduisant le plus possible les caractéristiques du fonctionnement des rivières. Comme nous l'avons vu dans le chapitre 1, l'aquaponie régénérative des sols privilégie de petites unités autonomes et solidaires, opérées localement et proches des habitants qu'elles nourrissent dans les villes et les campagnes. L'idée est d'assurer une assiette végétale saine, locale, affranchie de l'empreinte carbone des transports, et économisant entre 80 % à 90 % d'eau par an.

Chez les paysans, elle est un outil de transition agricole permettant de multiplier les lignes de production, les sources de revenus et de revivifier les sols. Ainsi, dans les campagnes, ces petites unités de production sont périphériques, mutualisées et liées aux exploitations agricoles existantes. L'aquaponie telle que je la conçois est régénérative pour 3 raisons :

1.En produisant l'essentiel des besoins alimentaires locaux en végétal , elle allège la pression sur le système productif en terre dont les sols épuisés et les rendements affaiblis exigent de plus en plus d'intrants. Donnant ainsi le temps d'installer des pratiques agricoles régénératives des écosystèmes (Maraîchage en Sol Vivant [MSV], thé de compost, culture avec couvert, rotation, sylvo-pastoralisme, agroforesterie, agroécologie …)

2. En produisant, en outre, des micro-organismes qui ensemencent le microbiote du sol, elle permet sa revitalisation et accompagne naturellement sa transition hors du conventionnel, vers une agriculture régénérative . Ce procédé d'accompagnement est un véritable outil de transition pour les agriculteurs.

3. En produisant des engrais naturels et locaux (NPK + minéraux) issus des boues du système. Ces engrais sont applicables sur les cultures et permettent une économie importante pour les agriculteurs (tout dépend de la taille du champ).

Les raisons 1 et 3 existent si et seulement si, les poissons sont proprement nourris. Ainsi, en élevant des insectes provenant de l'écosystème local, une nourriture saine de proximité est assurée pour les poissons, en plus de contribuer à la réhabilitation des services écosystémiques et à la biodiversité. Par exemple, au Vietnam, les grillons et autres types d'insectes sont régulièrement élevés dans de petites tours à insectes. Puis, ils sont utilisés pour la pêche ou comme nourriture pour les tilapias localisés soit dans les systèmes de rizipisciculture, soit dans les systèmes d'aquaponie. Comme je le dis fréquemment dans mes formations « Happy fish = happy poop » (*poisson heureux = bonnes déjections*). Si nous sommes ce que l'on mange, il en est de même pour les poissons, dont la déjection sera enrichie en nutriments et en vitamines en fonction de leurs apports alimentaires et de leurs qualité de vie, c'est-à-dire les soins qu'on leur donne : un bassin avec un environnement stimulant, une réduction de l'ennui, le jeu, la chasse, respecter leur fonctionnement, le besoin de mouvement, le besoin de territoire, limiter le stress … Je me base sur les règles de l'aquariophilie et de l'éthologie.

L'aquaponie classique utilise parfois jusqu'à 13 intrants, alors qu'au sein du système d'aquaponie régénérative des sols, si les poissons sont nourris avec des insectes, les seuls ajouts extérieurs sont : le bicarbonate de soude pour augmenter le pH et le fer. Aujourd'hui la problématique du fer persiste dans tous les systèmes de culture en eau. La Ferme Blue Soil teste actuellement différentes possibilités low-tech et locale pour trouver une solution à ce problème récurrent dans les cultures en eau. Enfin, j'ai à cœur de veiller au bien-être animal qui est fondamental dans un projet vivant. Étant végétarienne et parfois végétalienne par choix et ne prônant pas la division liée aux différents régimes alimentaires de chacun, je ne souhaite plus élever des poissons dans mes systèmes. Cela n'est plus de mon ressors, ou alors il faut que je réalise des systèmes intégrés dans les écosystèmes naturels. La fonction première de l'élevage a toujours été de fournir une source de nutriments naturels bien équilibrée pour nourrir les micro-organismes et les cultures végétales. Ayant à cœur de prendre en compte dans mes études, la diversité des régimes alimentaires et la diversité culturelle culinaire de chacun (en Asie on consomme beaucoup de poissons, de crustacés) je suis donc inclusive dans mes démarches et comprend la nécessité des élevages. Cependant, je ne propose aucune possibilité d'étudier les poissons comme produits exploités, seule les démarches en concordance avec les règles d'équilibre biologique, éthique et vivant sont considérées. Il faut en finir avec l'exploitation par l'Homme sur le vivant. Je cherche l'équilibre entre notion économique, productivité et intégration d'un paradigme de pensée respectant le Vivant. J'estime que chacun est responsable de son cheminement personnel et de son régime alimentaire. Les querelles de clochers qui nourrissent la division des peuples sont repoussoirs et représentent une perte d'énergie vitale et d'unités attentionnelles qui pourraient plutôt être mises à contribution pour créer des solutions ensemble. Je préfère l'unité car les enjeux collectifs sont trop importants.

Une sous-discipline de la microbioponie : L'urinoponie

J'ai conscience que l'utilisation de l'urine peut en faire sourire plus d'un. Pourtant, quelle est la différence entre les déjections de poissons, le fumier et nos urines ? Excepté le fait que nous sommes ce que nous mangeons et que nous avons une alimentation plus diversifiée que les poissons d'élevage. Par conséquent, nos engrais sont de meilleure qualité pour aider à la croissance et au développement des plantes (enfin tout dépend de notre hygiène de vie, médicaments, traitement hormonal…). J'ai réalisé ces expérimentations avec mes propres urines. La seule condition pour l'urinoponie est de ne consommer aucun médicament, ni de traitement hormonal, ni drogue et de choisir une alimentation saine et locale autant que possible.

En France, après l'aquaponie régénérative des sols, j'ai testé un dispositif basé sur la valorisation des urines. J'ai réfléchi à un système qui pouvait fournir une source de nutriments absolument locale, immédiate, sans intermédiaire, facile à maintenir, peu chronophage quand on doit gérer une parcelle en plein champ et très complète en termes de nutriments et de vitamines : mes urines.

La logique consiste à utiliser le minimum de ressources et à avoir le minimum de coûts dans la production (financier, empreinte carbone, chimie, transformation, maintenance). J'ai imaginé une situation de *stress-test* et je suis partie d'un scénario tragique du film Waterworld (1995). À l'époque, je trouvais la scène de la récupération des urines vraiment peu ragoutante, pourtant j'ai vu là du génie. Le stress-test consiste à imaginer un effondrement soudain de la chaîne d'approvisionnement alimentaire pendant plusieurs semaines (Comme le fait Stéphane Linou dans ses formations). J'ai imaginé les risques de violences qui pourraient découler de cette crise non préparée et non anticipée. Avec seulement 230 000 forces de l'ordre pour 67 millions de français, autant vous dire qu'on n'irait pas bien loin et que la coopération serait le scénario le plus préférable. Alors je me suis dit que le stade de la coopération viendrait si et seulement si, l'estomac de chacun était plein. L'aquaponie régénérative des sols nécessite une logistique et un aménagement pour les poissons et les élevages d'insectes. Donc il faut de l'anticipation pour réaliser ces installations. Il fallait donc trouver un système de « secours » low-tech pour cultiver les plantes, recycler l'eau et les urines en bonne santé : l'urinoponie.
Sujet tabou en Occident, nos anciens urinaient pourtant bien dans leurs potagers pour produire de beaux légumes. Actuellement, je connais beaucoup de jardiniers et d'agriculteurs bio qui utilisent leurs urines mais qui refusent de le dire à voix haute par peur de ce que l'on pourrait penser d'eux et de leurs légumes. Les fausses croyances !

Les études scientifiques sur les urines **40 et leurs avantages à être utilisées comme engrais ne sont pas des sujets nouveaux. Beaucoup d'études sont menée très sérieusement en France, en Asie et aux États-Unis. Mais la question du *pipi* est taboue dans nos sociétés occidentales – Il est temps de décoincer tout cela !

L'urinoponie est un dispositif hors-sol, résilient, low-tech et vivant. Il fait partie des disciplines pratiquées en microbioponie. J'ai remplacé les poissons qui me fournissaient une source d'ammoniac par les urines. L'objectif est d'être le plus local possible, en cycle fermé à tous les niveaux : pour l'eau, l'azote, le phosphore, le potassium et les autres minéraux nécessaires au développement des plantes. Ainsi, le dispositif reste complètement local et durable dans le temps, consomme très peu d'électricité, nécessite moins de logistique, moins de maintenance et libère les agriculteurs d'une charge mental. En quelque sorte, ce dispositif fonctionne et peut être vu comme une sorte de « *compost aqueux* » (sauf que le compost ne se consomme pas). Ici, une production végétale aux valeurs nutritionnelles riches est possible tout en régénérant les sols (aujourd'hui, le protocole est toujours en cours et d'autres tests sont encore à faire).

Dans l'expérience à la Ferme Blue Soil, je fais partie de mon protocole et collecte les urines fraîches chaque matin. Les régimes alimentaires sont végétariens (fromage mais pas de poisson) et végétalien. Je ne prends aucun traitement médical (pas même un doliprane, ni de contraception hormonale), pas d'alcool (ou seulement une petite bière locale !), pas de drogue, ni autres produits chimiques (vernis, pommades, parfum etc…). Pour accompagner le protocole, je fais des tests sanguins pour contrôler mes carences, qui, par conséquent, se retrouvent logiquement dans mes urines, donc dans le dispositif. Le rôle des micro-organismes est de transformer cette source de nutriments en une solution absorbable par les racines des plantes. Aucune eau n'est rejetée dans la nature. Ce dispositif en circuit fermé économise 90 % d'eau par rapport aux cultures en pleine terre et aux cultures réalisées en aquaponie et en hydroponie classique.

Le sol est inoculé (en ml) de ce liquide naturel. La technique brevetée s'est inspirée des pratiques du Dr. Elaine Ingham (microbiologiste américaine), qui a mis au point une pratique similaire avec les thés de compost. Étant une élève de l'école du Dr Ingham, j'ai tout appris grâce à ses 45 années de recherches en microbiologie des sols, ses enseignements et sa générosité. Le docteur Ingham est une femme inspirante aux talents illimités, multiples et dont le cœur est à l'œuvre pour démocratiser les savoirs-scientifiques.

Le but ultime de l'urinoponie est donc de prévoir un dispositif de secours, facile à mettre en place et abordable (low-tech) pour tous. Celui-ci permet donc de cultiver des plantes en eau, sur de petites surfaces, à partir d'urines locales et contrôlées et d'établir un système reproductible dans des conditions difficiles (manque de matériel, peu d'électricité, pas d'eau, pas de ressources, pas de poissons, pas de moyens financiers, catastrophes naturelles, effondrements).

La relocalisation des cycles biogéochimiques au niveau local est fondamentale pour :

- Augmenter la rentabilité agricole
- Ne plus dépendre des engrais acheminés des 4 coins du monde (phosphore)
- Diminuer les coûts de production
- Stimuler l'activité biologique des sols

L'urinoponie fait partie des outils de transition agricole et représente l'un des axes de recherche prioritaires dans la Ferme Blue Soil. Une étude de rentabilité a été réalisée par un spécialiste diplomé d'un MBA Stratégie & consulting et d'un Master audit et expertise comptable. Celle-ci consiste à comparer la profitabilité des 3 systèmes : l'aquaponie standard, l'aquaponie régénérative des sols et l'urinoponie selon 2 modes de réalisation : High Tech et Low Tech. Dans l'analyse, l'approche High Tech repose sur l'achat de l'ensemble des intrants (granulés, engrais, régulateur de pH, eau de ville…) nécessaire au bon fonctionnement du système. La partie High Tech, n'inclut donc pas les investissements en capteurs connectés, sondes, et autre type de robotisation. L'approche Low Tech remplace les intrants par des sources locales (eau de pluie, absence d'intrants et d'engrais) seul l'achat des semences perdure.

Nous avons choisi de garder une étude basée sur l'achat de semences, de manière à pouvoir présenter ce modèle aux chambres d'agricultures. Pour un modèle familial, les semences paysannes remplacent l'achat des semences au catalogue officiel.

Je souhaitais concrètement observer la part du résultat net des cultures végétales, en enlevant donc de l'analyse la part du résultat net piscicole.

Ces analyses confirment que l'aquaponie standard est donc un modèle piscicole plutôt qu'un modèle hybride. La culture végétale n'est pas rentable dans ce type de système et ne représente donc pas le modèle ancestral basé sur la microbiologie et la culture de plantes en eau (Chinampa). On a pris un même niveau de chiffre d'affaires au sein des 3 systèmes afin de mesurer l'évolution de la rentabilité pour chacun de ces dits modèles (high tech, med tech et low tech). On a pu constater que le niveau d'investissement évoluait de manière proportionnelle à la superficie cultivable dans le cadre de l'urinoponie, alors que pour l'aquaponie (standard et régénérative des sols) on observe une accélération au fur et à mesure que la superficie augmente.

Par ailleurs, on observe la même dynamique dans l'évolution des charges pour faire fonctionner ces systèmes. La conséquence observée est un niveau de profitabilité différent, à savoir : une profitabilité significativement positive, permettant à l'agriculteur de se dégager un salaire pour l'urinoponie. Alors que l'aquaponie (standard) n'est pas profitable et oblige l'investisseur/l'agriculteur à détourner son activité principale de maraicher en activité piscicole dans le but de revenir à la rentabilité. Les raisons de ces écarts, s'explique par l'activité piscicole excessivement consommatrice en eau, en électricité et divers intrants (granulé, intrants) et aux intrants (engrais) utilisés pour les cultures végétales.

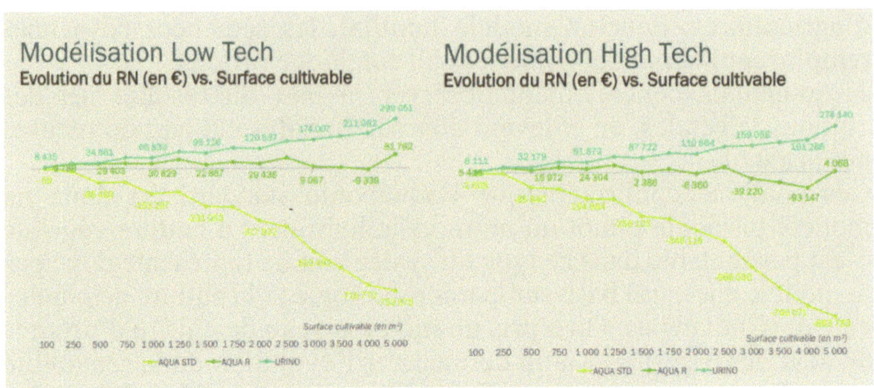

Graphiques 1 : Évolution du résultat net (€) en fonction de la surface cultivable (m2) pour les modèles High Tech et Low Tech.

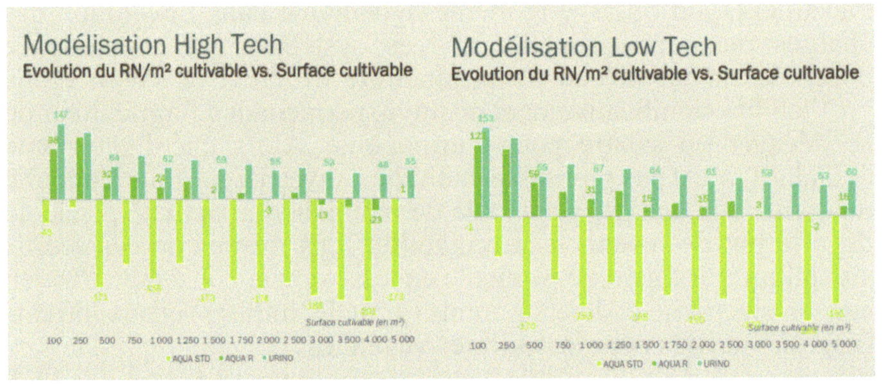

Graphique 2 : Évolution du ratio Résultat Net (€) par m2 en fonction de la surface cultivable (m2) pour les modèles High Tech et Low tech

SOL & URINE : UN COMBO MILLÉNAIRE

La place de l'urine dans le temps, en Asie et en Occident

Au temps d'Hippocrate, l'urine était étudiée dans tous ses aspects pour devenir un outil d'évaluation de la santé des patients : c'était l'uroscopie (ou uromancie). Discréditée à partir du 18ème siècle en France, elle deviendra progressivement un sujet tabou dans nos sociétés occidentales.En Asie, l'urinothérapie est utilisée depuis des millénaires. La conception sociale de l'urine varie d'un pays à un autre et j'ai pu observer que les pays non industrialisés n'avaient aucun tabou contrairement à nos sociétés industrielles. Les paysans et paysannes que j'ai cotoyés en Asie utilisaient les micro-organismes et les urines dans leurs méthodes de maraîchage. Ainsi, l'urine est considérée comme de l'or au Japon, pays qui surpasse ce tabou. Ce phénomène très récent, nous commençons à peine à en parler dans le domaine public alors que l'urine n'est pourtant pas ignorée de la sphère scientifique depuis ces six dernières années. À l'heure des multiples effondrements, de nombreuses solutions sont déjà sous notre nez. J'ai l'impression que nous ne voulons pas mettre le doigt sur une solution qui s'ignore.

Les urines, un engrais négligé, socialement et politiquement tabou mais pas pour les industries…

Dans une de mes vidéos réalisées en 2020, j'explique, comme je peux, que les urines sont de véritables alternatives aux engrais chimiques. Je préconise donc une agriculture biochimique c'est-à-dire basée sur la biologie et la chimie des sols plutôt qu'une agriculture seulement chimique. L'urine étant une source de nutriments indispensables pour les plantes, j'ai désormais l'option de ne plus élever des poissons, pour récupérer une source d'ammoniac, de phosphore et de potassium. L'urine est considérée comme stérile (il existe quand même un microbiote). Récupérer les urines à la source faciliterait l'épuration des eaux usées, car l'urine est la première source d'azote (80 %) et de phosphore ** *41* (55 %), bien qu'elle ne représente que moins de 1 % du volume total des eaux usées des ménages. En octobre 2021, en France, j'ai pu rencontrer Renaud De Looze, précurseur de l'utilisation des urines au jardin et nous sommes bien en accord avec cette solution. Depuis 2015, beaucoup d'entreprises ont développé un système de récupération des boues des stations d'épuration et fabriquent des engrais chimiques à partir de nos déjections avec des processus d'incinération. Par exemple, de célèbres sociétés aux Pays-Bas **42 collectent les urines européennes aux portes des stations d'épuration, puis elles les stockent, les transportent jusqu'au site de traitement et de transformation (parfois d'incinération) pour en extraire les nutriments. Ces derniers sont ensuite transformés en petite billes, puis re-stockés dans un bâtiment, puis conditionnés dans des contenants (souvent des bouteilles en plastique) pour être acheminés et distribués dans les points de ventes européens. Pourquoi autant d'intermédiaires et de boucles inutiles lorsqu'on possède déjà tout sur place ? Selon l'ONU, aujourd'hui 245 000 km² d'espace marin sont pollués par l'eutrophisation. Il s'agit d'une pollution des cours d'eau par une quantité anormale d'ammoniac et de phosphore. Le phosphore continue donc à polluer nos eaux alors qu'il devrait retrouver le sol. Les cycles biogéochimiques constituent la base de la qualité de nos sols. La collecte des urines à la source est fondamentale pour deux raisons : éviter les circuits en bout de chaîne et les longs processus polluants, carbonés, et relocaliser les cycles biogéochimiques comme ils l'ont toujours été avant l'avènement de nos sociétés industrielles. *L'urine n'est pas un déchet, mais une ressource qui s'ignore. Elle devient utilisable dès lors que nous prenons soin de notre corps.*

Vers une pénurie de phosphore ?

Parmi les cycles biogéochimiques, le cycle naturel du phosphore est menacé et ce sujet est peu médiatisé alors qu'il est scientifiquement documenté depuis des décennies. Je comprends mieux la raison de ce silence lorsque je réalise l'importance du minéral dans notre survie et dont la ressource est *finie*. Tout ce qui vit a besoin de phosphore et rejette du phosphore. Selon le Dr. Cordell**43, directrice de recherche à l'université des technologies de Sydney, le phosphore est indispensable et se retrouve dans nos os, notre ADN. Il intervient dans le transfert d'énergie vers le cerveau et va bientôt manquer à l'humanité. Pour le domaine végétal, il est démontré que sans phosphate, les plantes ne peuvent pas se développer. Autrefois, la décomposition naturelle de la matière organique couvrait naturellement les besoins. Depuis la mondialisation, les cycles sont rompus et délocalisés pour faire une ressource profitable sur le plan financier – et cela à notre détriment. Les besoins en phosphate ne cessent d'augmenter alors que les ressources s'épuisent. Cette ressource est non renouvelable et limitée. De plus, nous n'utilisons pas le phosphore comme il faudrait alors qu'il est rare. Depuis 2012, plusieurs scientifiques internationaux, dont le Dr. Cordell, alertent les politiques sur ce sujet. « Sans phosphore il n'y a ni production alimentaire, ni humanité » dit le Dr. Cordell dans ses conférences**44.

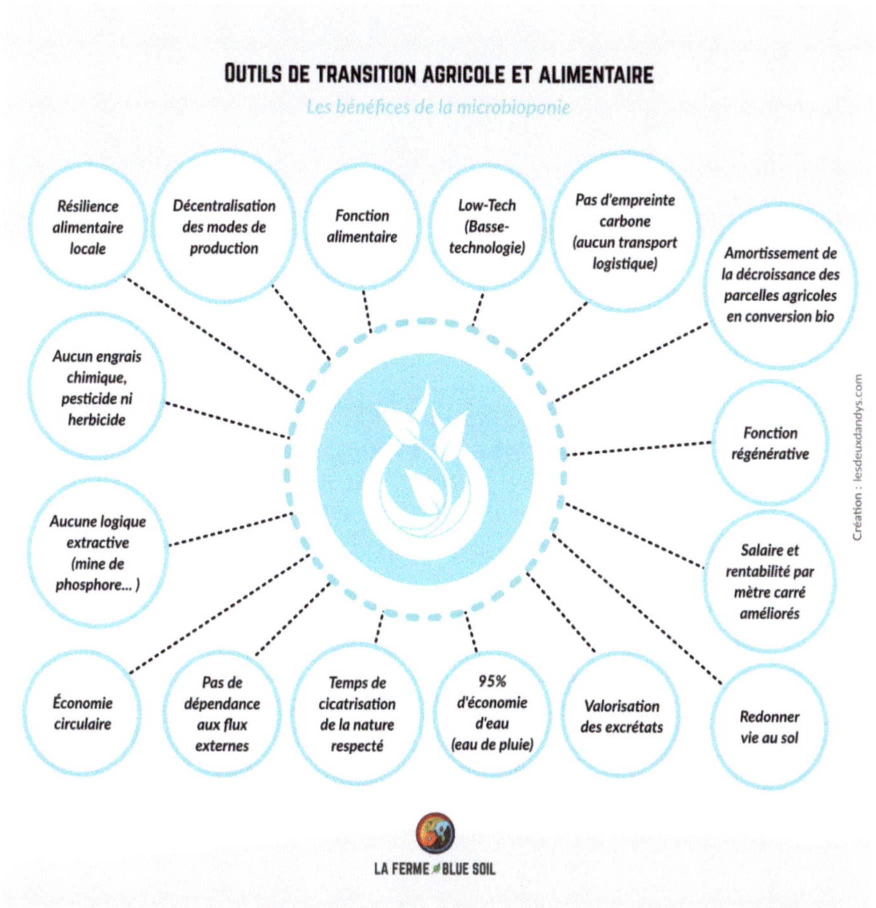

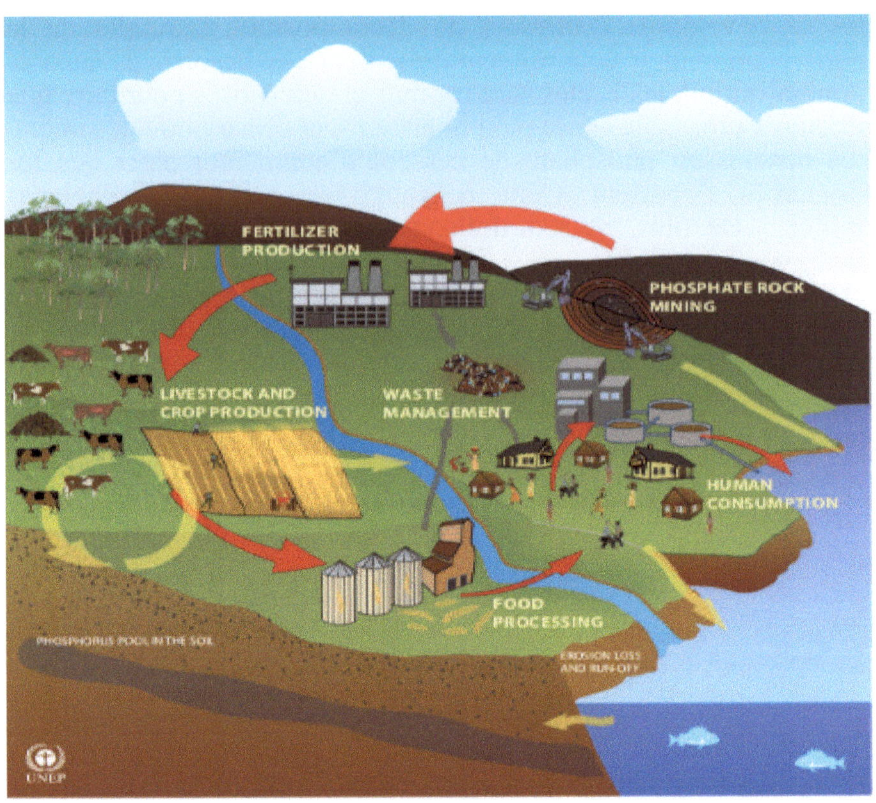

Figure 4 : *Le phosphore s'écoule dans l'environnement***45.
Pour améliorer la production alimentaire, du phosphore est ajouté au sol sous forme d'engrais minéral ou de fumier. La plupart du phosphore non absorbé par les plantes reste dans le sol et peut être utilisé à l'avenir. (si le sol le permet). Le phosphore peut être transféré aux eaux de surface lorsqu'il est extrait ou traité, lorsqu'un excès d'engrais est appliqué sur le sol, lorsque le sol est érodé ou lorsque l'effluent est rejeté par les stations d'épuration. Les flèches rouges indiquent la direction principale des flux de phosphore ; les flèches jaunes indiquent le recyclage du phosphore dans le système de culture et de sol et le mouvement vers les plans d'eau ; et les flèches grises indiquent le phosphore perdu par les gaspillages alimentaires dans les décharges.

Aujourd'hui 10 % du phosphore est utilisé pour les produits de la vie quotidienne (dentifrice, jambon…) et 90 % est utilisé comme engrais agricole depuis la révolution verte. À l'époque, la production d'un agriculteur pouvait alimenter 4 personnes. Aujourd'hui, c'est 150 personnes mais avec des perfusions aux engrais.

L'industrie agro-alimentaire nourrit la majorité des habitants de la planète. Sans machine ni engrais phosphaté, les rendements ne seraient pas au rendez-vous. Le cycle du phosphate naturel ne suffit plus au vu de l'état de nos sols. C'est-à-dire quasiment sans vie biologique. Les végétaux qui n'arrivent pas à acquérir suffisamment de phosphore ont des carences et vont adapter leur croissance (chétive, pas de biomasse, peu de rendement). Plusieurs mines de phosphate sont exploitées et représentent un sujet économique politiquement tabou. En bas de page, je vous ai donné une liste des mines dans le monde. **46.

La roche phosphatique doit être filtrée, traitée et séchée. Aussi, pour que le phosphate soit assimilable par les racines des plantes, il faut encore un autre processus dans les usines à engrais (alors que les micro-organismes se chargent pourtant très bien de cela naturellement dans les sols…). Celui-ci consiste à le concasser dans un broyeur et à ajouter de l'acide sulfurique pour le rendre soluble dans l'eau. Ensuite, le phosphate passe dans des tambours de granulation et il est conditionné sous forme de granulés standardisés applicables directement sur les sols en culture intensive. Pour résumer, les roches du désert tunisien se transforment en granulés de phosphate, conditionnés dans du plastique, acheminés en camion pour être vendus dans nos coopératives agricoles, puis revendus aux agriculteurs pour être déversés dans nos champs et nos eaux. Les acteurs responsables du cycle du phosphore dans les sols, c-a-d les micro-organismes, ont quasiment disparu avec la destruction du sol (fongicide, herbicide, pesticide, labour, monoculture) qui entraine son érosion et cause le ruissèlement des engrais vers nos rivières lorsqu'il pleut. L'eutrophisation des cours d'eau et les algues vertes sont des conséquences directes de ces pratiques agricoles. Par ailleurs, certains scientifiques, dont le Dr. Geerd Smidt**47, chercheur de l'université de Bremen en Allemagne, rapportent que le phosphore des engrais n'est pas pur et contiendrait de l'uranium et du cadmium. « Si on purifiait les engrais, ils seraient hors de

prix » selon le Dr Smidt. Le prix de la tonne de phosphate est bien trop lucratif pour stopper ce processus mortifère. Le public et le monde agricole ne sont donc pas vraiment sensibilisés à la pénurie de phosphate. Vous comprenez alors ma démarche avec le dispositif d'urinoponie. Les urines sont en quelque sorte de « *multiples gisements de mines phosphatières* » épars sur un territoire.
Pourquoi ne pas les utiliser comme le font plus de 50 % des populations dans le monde et comme le faisaient nos anciens avant l'industrialisation ?

Des évènements symptomatiques d'un dysfonctionnement mondial

Entre 2008 et 2011, la révolution du printemps arabe nous a alertés sur nos vulnérabilités lorsque que les voies de communication ont été bloquées dans les ports. Les grèves à répétition dans les mines ont laissé à l'abandon le phosphate dans les entrepôts de stockage alors que les stocks mondiaux s'amenuisaient. Les pays industrialisés et dépendants du phosphate reposent sur de véritables poudrières et deviennent silencieusement l'enjeu des accords internationaux. Nous sommes perfusés et dépendants de cette extraction délocalisée dans d'autres pays.
En 2008, la Chine a décrété une taxe sur l'exportation de phosphore. Les spéculations boursières entrant en jeu, le prix de la tonne de phosphate était donc passé de 44$ à 430$. À d'autres moments, les prix ont augmenté de 800 % avant de revenir à la normale. La flambée des prix eut des impacts économiques et a empêché les paysans les plus pauvres d'acheter des engrais. En Inde, cette crise du phosphate due à la flambée des prix du phosphore a fait deux morts et plusieurs blessés lorsque la police a tiré sur les paysans qui réclamaient une aide pour acheter leurs engrais et cultiver. Selon le Dr Dana Cordell, les marchés et les industries ne doivent pas gérer seuls la disponibilité d'un élément indispensable à la vie**48. Il devient urgent que des politiques internationales, nationales et locales garantissent l'accès du phosphore aux paysans mais surtout que des systèmes alternatifs, non-extractifs qui relocalisent le cycle du phosphore soient déployés sur un territoire afin de garantir une véritable sécurité alimentaire et sociale.Les marchés et les industries ne doivent pas gérer seuls la disponibilité d'un élément

indispensable à la vie. *Les cycles biogéochimiques sont les cycles naturels dont nous devons nous inspirer, plutôt que de les rompre.*
Après cet état des lieux sur le problème du phosphore, le dispositif d'urinoponie me paraissait donc logique. On peut rire de moi, ou même ne pas prendre au sérieux ces protocoles expérimentaux. Il n'empêche que les résultats sont là et qu'ils sont concrets. Les plantes poussent à partir de ce système fonctionnant à l'eau de pluie. 85 % à 90 % d'eau est économisée par an. Mes urines sont recyclées et les cultures végétales poussent en toute saison. Pour l'instant, le goût et les valeurs nutritionnelles des tomates cultivées dans la zone expérimentale sont, pour certaines, supérieures aux valeurs nutritionnelles repères de l'ANSES**49 (l'Agence Nationale de Sécurité Sanitaire de l'Alimentation, de l'Environnement et du Travail). À ma plus grande surprise, il y a la présence de B12 dans les tomates de la microbioponie.
Ce protocole expérimental n'est qu'à son début et des biais sont encore à contrôler. Cette étude a couté 957 € sans compter le transport de l'échantillon. Les résultats sont prometteurs et ce dispositif peut être envisagé comme une roue de secours applicable partout. Alors je ne me décourage pas, ni même les bénévoles qui s'accrochent chaque jour et se montrent courageux à toute épreuve.

Analyses élémentaires			Résultats (incertitude)	Etiquetage
AA622	**AA**	**Sodium Méthode : Méthode interne , F-AAS**		
(a)	Sel (calc. du Na)		0.038 (± 0.014) g/100 g	
(a)	Sodium		0.015 (± 0.005) g/100 g	
LSDWE	**ZS**	**Fer Méthode : Méthode interne, ICP/MS**		
(a)	Fer (Fe)		3.7 (± 1.1) mg/kg	NA mg/kg
LS44X	**ZS**	**Magnésium Méthode : Méthode interne, ICP/MS [Préparation [Voie humide par micro-ondes sous pression]]**		
(a)	Magnésium (Mg)		99.9 (± 30.0) mg/kg	
LS4QP	**ZS**	**Potassium Méthode : Méthode interne, ICP/MS [Préparation [Voie humide par micro-ondes sous pression]]**		
(a)	Potassium (K)		2840 (± 852) mg/kg	

Analyses compositionnelles			Résultats (incertitude)	Etiquetage
C0090	**AA**	**Protéines Méthode : Méthode interne , Kjeldahl (Titrimétrie)**		
(a)	Azote total		0.15 (± 0.07) g/100 g	
(a)	Protéines (Nx6.25) (Kjeldahl)		0.9 (± 0.4) g/100 g	
AAC00	**AA**	**Teneur en glucides Méthode : Calcul, Calcul**		
	Glucides totaux (par différence)		6.0 g/100 g	
	Glucides assimilables (par différence)		4.1 g/100 g	
AA480	**AA**	**Profil des sucres Méthode : Méthode interne , Chromatographie ionique - Ampérométrique pulsée**		
(a)	Glucose		1.6 (± 0.8) g/100 g	
(a)	Fructose		2.0 (± 0.7) g/100 g	

Analyses compositionnelles			Résultats (incertitude)	Etiquetage
AA480	**AA**	**Profil des sucres Méthode : Méthode interne , Chromatographie ionique - Ampérométrique pulsée**		
(a)	Saccharose		<0.2 g/100 g	
(a)	Lactose		<0.2 g/100 g	
(a)	Maltose		<0.2 g/100 g	
(a)	Somme des sucres réducteurs (g/100g)		3.6 (± 1.3) g/100 g	
(a)	Somme des sucres (mono et disaccharides) (g/100g)		3.6 (± 1.3) g/100 g	
AA210	**AA**	**Fibres Alimentaires Totales (TDF) Méthode : Méthode interne , Enzymatique - gravimétrie**		
(a)	Taux de fibres		1.9 (± 1.0) g/100 g	
AAMG0	**AA**	**Matières grasses totales (micro-ondes) Méthode : Méthode interne , Gravimétrie [Technique micro-ondes]**		
(a)	Matière grasse totale		<0.3 g/100 g	
AA009	**AA**	**Cendres Méthode : Méthode interne , Gravimétrie**		
(a)	Cendres brutes		0.64 (± 0.16) g/100 g	
A7359	**AA**	**Humidité à 70°C sous vide Méthode : Méthode interne , Thermogravimétrie**		
(a)	Extrait sec		7.5 g/100 g	
(a)	Perte de masse à la dessication		92.5 (± 0.8) g/100 g	

Vitamines			Résultats (incertitude)	Etiquetage
A7278	**DJ**	**Vitamine B5 - acide pantothénique Méthode : AOAC 945.74 / 45.2.05 (1990)**		
(a)	Vitamine B5 (ac.D-pantothéniq.)		0.0824 (± 0.0198) mg/100 g	
A7286	**DJ**	**Vitamine B9 - folates totaux Méthode : NMKL 111:1985**		
(a)	Vitamine B9 (folate total)		27.4 (± 8.2) µg/100 g	
A7289	**DJ**	**Vitamine B12 Méthode : AOAC 952.20**		
(a)	Vitamine B12 (cyanocobalamine)		0.0255 (± 0.0077) µg/100 g	
A7291	**DJ**	**Vitamine C Méthode : Food Chemistry, 94 (2006) 626-631**		
(a)	Acide ascorbique (vitamine C)		14.8 (± 1.5) mg/100 g	
A7252	**DJ**	**Vitamine D3, cholécalciférol Méthode : EN 12821:2009; EN 12821:2009**		
(a)	Vitamine D3		<0.25 (LOQ) µg/100 g	NA µg/100 g
A7296	**DJ**	**Vitamine E (DL alpha-tocophèrol mg/100g) Méthode : EN 12822:2014**		
(a)	Vitamine E (à partir d'alpha-tocophérol)		0.206 (± 0.033) mg/100 g	

Extrait des analyses des premières tomates jaunes du système de microbioponie (urinoponie) réalisées par le laboratoire européen Eurofins, Drôme (Mars 2021)

Aucun sol n'est pauvre, il ne manque que la biologie des sols

Depuis la révolution verte et les études scientifiques découlant de ce courant industriel, le sol se définit toujours comme une matière minérale, inerte et inorganique. La structure d'un sol se définit donc par le pourcentage de sable, de limon et d'argile. Ci-dessous, un graphe commun utilisé pour l'analyse des sols en Europe et aux États-Unis :

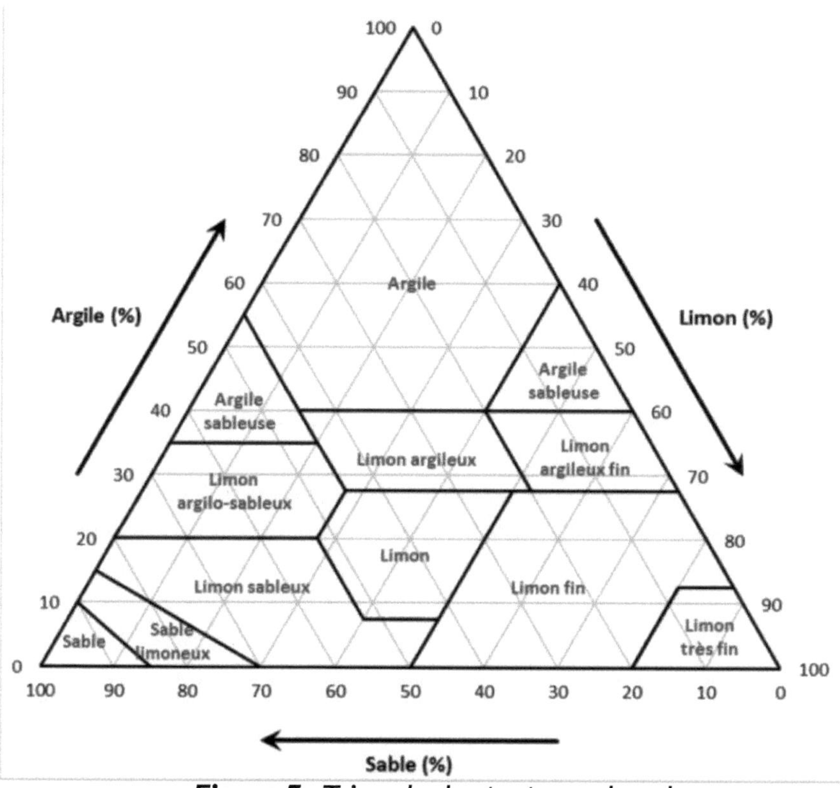

Figure 5 *: Triangle des textures du sol*
Source : https://fr.wikipedia.org/wiki/Texture_du_sol
http://www.nrcs.usda.gov

Pourtant, d'autres scientifiques comme le célèbre suisse-américain Hans Jenny, père fondateur de la science du sol, et plus récemment les français Claude et Lydia Bourguignon, définissent et démontrent bien que le sol est bien plus qu'une matière inerte minérale. Selon Hans Jenny (1899- 1992), un sol pour être sol, doit être composé des 3 éléments suivants :

1.	D'une structure minérale (sable, limon, argile)
2.	De matière organique (m.o)
3.	D'organismes aérobies

Bien avant la révolution verte, beaucoup de chercheurs démontraient que le sol est un organisme vivant et non une matière inerte. Cette définition restrictive du sol a ainsi conduit et justifié l'usage des engrais pour la productivité. Depuis les années 30 pourtant, d'autres scientifiques soutiennent et confirment dans le monde l'importance de considérer le sol vivant comme Hans Jenny le définissait.

La pénurie de phosphore prend son sens lorsqu'on reste dans un schéma d'extraction des ressources. Pourtant cette pénurie pourrait être évitée si on se penche davantage sur l'utilité de la fonction biologique des micro-organismes dans le maintien des cycles de l'azote, du phosphore et du potassium (nos très chers cycles biogéochimiques !).

Plus récemment, les travaux de Sparks (2003) ont regroupé plusieurs millions d'échantillons de terre provenant des quatre coins du monde. L'objectif de cette étude consistait à démontrer que quelle que soit la structure du sol, le pays ou le climat, le sol est riche de nutriments. Selon Dr. Sparks et Dr. Ingham, il n'existe donc aucun sol pauvre, pas même le sable. Il n'existe que des sols pauvres en *matières organiques* et en *micro-organismes*, les rendant donc incapables de fournir des nutriments sous forme disponibles pour les racines des plantes. Si un sol, aussi riche qu'il soit, est dépourvu de ces micro-organismes (bactéries, champignons) il ne peut rendre les nutriments stockés dans les couches du sol disponibles pour les racines des plantes. En quelque sorte, ces bactéries et champignons sont la *clef bio-chimique naturelle* fondamentale pour relancer la santé des sols et notre bonne santé collective.

Cette conception organique et vivante des sols repose sur plusieurs milliers d'études scientifiques depuis 40 ans. Pourquoi ne les avons-nous pas écoutées ? Pourquoi alors verser des engrais artificiels et très couteux financièrement et écologiquement ?
Ci-dessous, vous trouverez le tableau « Minéraux dans le sol » de Sparks (2003). Celui-ci montre que l'ensemble des échantillons des sols analysés contient tous les minéraux nécessaires pour approvisionner des cultures végétales.

Si l'on prend l'azote (N), les sols stockent ainsi en moyenne 2000 ppm, pour le phosphore (P) 800 ppm et pour le potassium (K) 14 000 ppm. L'étendue (range) des concentrations des éléments ne montre aucune valeur à zéro. L'unité de mesure ppm (part per million), permet de déterminer la concentration d'une substance par rapport à une autre. C'est un ratio entre deux substances. Nos sols ont des minéraux, ils n'ont seulement plus de microbiote pour les rendre disponibles, de la même manière que je n'avais plus de microbiote intestinal pour assimiler les nutriments provenant des délicieux plats vietnamiens lorsque j'avais l'infection au Candida Albicans.

Minerals in soil (Sparks 2003)

Element	Soils (mg/kg)		In the Earth's crust (mean)	In Sediments (mean)
	Median	Range		
O	490,000	-	474,000	486,000
Si	330,000	250,000-410,000	277,000	245,000
Al	71,000	10,000-300,000	82,000	72,000
Fe	40,000	2,000-550,000	41,000	41,000
C (total)	20,000	7,000-500,000	480	29,400
Ca	15,000	700-500,000	41,000	66,000
Mg	5,000	400-9,000	23,000	14,000
K	14,000	80-37,000	21,000	20,000
Na	5,000	150-25,000	23,000	5,700
Mn	1,000	20-10,000	950	770
Zn	90	1-900	75	95
Mo	1.2	0.1-40	1.5	2
Ni	50	2-750	80	52
Cu	30	2-250	50	33
N	2,000	200-5,000	25	470
P	800	35-5,300	1,000	670
S (total)	700	30-1 600	260	2 200

Tableau 1 : Minéraux dans le sol (Sparks,. 2003)
https://www.sciencedirect.com/book/978012656 44 64/
environmental-soil-chemistry - Soil Food Web

Le rôle de l'élevage à petite échelle dans les cycles biogéochimiques….

Je n'apprends rien à personne si je dis que j'ai un régime varié qui oscille entre un régime alimentaire végétarien depuis mon infection du microbiote intestinal et végétalien depuis mon retour en France. L'Asie m'a souvent choyée avec ses mets crus aux couleurs et épices variées, des saveurs locales inoubliables pour mon palet. Je suis donc une pure végétarienne et je respecte les éleveurs. La preuve étant que je suis volontaire chaque année pour la transhumance des brebis et des moutons dans la Drôme. Créer du lien avec les éleveurs et les bergers me permet de les comprendre, d'appréhender leurs difficultés, d'être dans leur milieu pour comprendre leurs enjeux et découvrir les rouages du système dont ils dépendent.

Lorsqu'ils osent courageusement relever le défi d'élever des animaux dans des conditions naturelles, éthiques et humaines, bien souvent cela les pénalise et leur coûte plus cher en investissement, en charges fixes et en temps. Dans la Communauté de Communes de Dieulefit-Bourdeaux, il y a des éleveurs qui soutiennent l'abattage à la ferme plutôt que l'abattage industriel. C'est déjà exceptionnel d'aller vers cette démarche qui pour moi représente un premier pas vers l'amélioration de la condition animale et du vivant… même si cela est très loin d'être suffisant à mon goût.

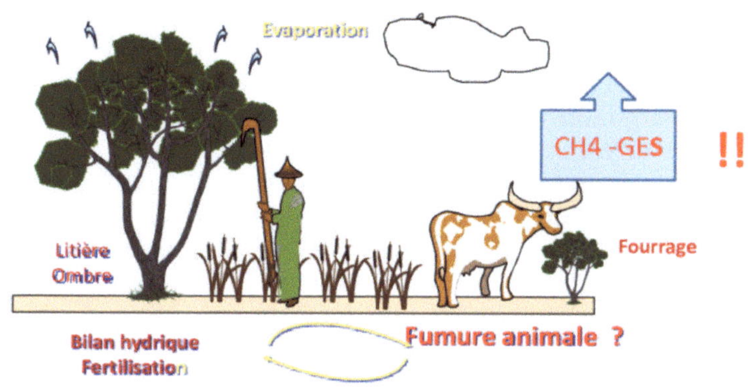

Figure 6 : *Interactions éco-systémiques entre culture**50, parcours naturel, arbre et animal dans des systèmes mixtes agro-sylvo-pastoraux. Université Abomey Calavi (Bénin) 23-28 septembre 2013 -Colloque Sciences, Cultures, Technologie –Atelier III : Sciences Naturelles et Agronomiques (509 -541) / H. Guerin –*

Les cas d'études testant les systèmes agro-sylvo-pastoraux aux États-Unis dans les systèmes tropicaux et en France montrent l'importance de l'élevage à petite échelle dans l'amendement des sols et dans la boucle des nutriments (phosphore). Ainsi, lorsque les animaux pâturent et transhument, qu'ils passent d'une prairie à une autre, puis à un sous-bois puis à une autre zone, l'animal est remis dans son contexte naturel et remplit à nouveau son rôle dans le grand cycle de la vie**51.

UNE AGRICULTURE INCLUSIVE

Inspiration et autres systèmes

Lorsque je suis rentrée d'Asie, j'avais oublié que le monde agricole aux États-Unis et en Europe était essentiellement masculin. Il y a bien sûr des femmes dans l'agriculture, mais elles sont minoritaires. Contrairement au monde d'où je viens, les femmes en Asie portent l'agriculture et sont majoritairement dans ce secteur. Par ailleurs, j'ai pu aussi constater qu'en Asie, les personnes à mobilité réduite étaient complètement intégrées dans la société et le monde agricole. Ainsi, je voyais des femmes et des hommes en fauteuil roulant porter des récoltes, des paquets de riz fraîchement récoltés pour les étendre sur la route afin de les sécher, puis je les voyais ramener les buffles d'eau dans les rizières en fin de journée. Pour la petite anecdote, le riz dans nos assiettes a d'abord été sur les routes des villes et des villages de producteurs de riz ; les paysans ne savent plus comment gérer leurs récoltes ni même où les faire sécher à mesure que l'urbanisation gagne du terrain. Alors les routes, deux fois par an, se transforment en grenier. Chaque matin quand j'allais au marché boire mon nước chanh (jus de citron) et un nước dừa (jus de noix de coco) je roulais sur le riz avec ma moto.
Au Vietnam, il n'y a que des humains acteurs du pays représenté par le Parti. Ne cherchant pas à faire l'apologie d'un système ou d'un autre, je constate que dans cette organisation sociale cependant, je n'ai vu aucune personne SDF, ni même des mendiants dans la rue. Orphelins, personnes à mobilité réduite, femmes divorcées, malades, drogués, veuves sont tous pris en charge par le collectif. En 2016, lorsque j'habitais à Tra Qué, le village des paysans qui cultivaient la nuit, les parents de deux enfants de 5 et 8 ans sont morts dans un accident de moto (très fréquent). Les services sociaux n'existant pas vraiment, c'est à un délégué du Parti de l'arrondissement où les enfants habitent, que revient la charge de répartir les tâches entre citoyens pour que les enfants restent dans leur maison, continuent d'aller à l'école. L'objectif étant qu'ils ne soient pas déracinés et échappent aux réseaux des trafics des êtres humains. La rue fait donc preuve *d'esprit de corps* – comme on nous l'enseigne à l'école militaire de la Gendarmerie.

Ainsi, j'ai vu les enfants être pris en charge par les restaurants avoisinants, les voisins. Imaginez le choc quand je suis allée à la gare de Lyon et que j'ai vu toutes les personnes sans abri après tant d'années d'absence…

Personnes à mobilité réduite disponibles et bénévoles dans l'agriculture

Après mon retour en France, j'ai donc pu observer que les personnes à mobilité réduite ne pouvaient pas atteindre certains postes agricoles et beaucoup de personnes m'ont fait part de leur étonnement lorsque je disais vouloir intégrer ces personnes dans le monde agricole. Bien sûr, il y a certaines tâches plus physiques qui ne se prêtent pas à tous. Seulement il y a des moyens possibles d'inclure l'ensemble des « cerveaux et bras » disponibles et volontaires dans l'effort collectif vers la résilience alimentaire.

Aujourd'hui, nous manquons tellement d'actifs agricoles que *les maraîchers s'improvisent agents de voyages,* pour reprendre un article du Figaro. Pourquoi ne pas rendre certaines branches de l'agriculture accessibles ? À nous d'agir maintenant pour transformer nos idées en mots, puis nos mots en actions et nos actions en réalisations concrètes.

Lire le journal

F Économie

Économie ˅   Entreprises   Conso   Entrepreneurs ˅   Décideurs   Bourse   Médias   Tech   Immobilier   Finances perso ˅

Quand les maraîchers s'improvisent agents de voyages

ENQUÊTE - Pour sauver leur récolte, les agriculteurs du Vaucluse et des Bouches-du-Rhône doivent affréter spécialement des avions depuis le Maghreb pour trouver la main-d'œuvre qui leur fait défaut en France. Une organisation d'autant plus complexe que la crise sanitaire impose tests, isolement et gestes barrières.

Par Guillaume Mollaret

Publié le 11/04/2021 à 16:52, mis à jour le 11/04/2021 à 17:04

Article paru dans Le Figaro **52

Ainsi, j'ai veillé à ce que les dispositifs de microbioponie soient modulables, ajustables et accessibles pour tous. Dans la ferme en France, le système est un peu trop haut pour ma taille, au Vietnam, j'ajustais les systèmes à la taille moyenne des vietnamiens et pareil en Birmanie. Sinon l'ergonomie du système n'était pas adaptée et l'impact se faisait ressentir sur les conditions de production, la motivation à travailler, la production et la rentabilité du système.

Un exemple concret : si le lit de culture était trop haut, les tuyaux du milieu n'étaient pas accessibles et donc les emplacements pour les cultures végétales n'étaient pas occupés, ce qui équivaut à une perte de rendement.

Les outils de transition agricole que je mets au point visent aussi à restaurer le lien social qui s'est effiloché dans le temps. De manière très concrète, la microbioponie vise à la formation et à l'emploi pour tout le monde. La microbioponie représente un moyen d'élargir le domaine de l'agriculture aux personnes à mobilité réduite.

Les cultures opérées dans les serres bioclimatiques et les systèmes hors-sol sont différentes des cultures en pleine terre. Elles sont ergonomiquement accessibles à tous si on le souhaite. Dans ces dispositifs, les techniques sont ajustables aux bonnes hauteurs, largeurs et aux normes pour accueillir du public. Une personne à mobilité réduite pourrait ainsi suivre des formations, participer aux ateliers et obtenir un emploi au sein des unités autonome de transition agricole– que celles-ci soient portées par une collectivité, une institution, une chambre d'agriculture, un lycée agricole, un agriculteur ou le tout public.

Pourquoi cela ne serait-il pas possible ?

OSER CHANGER DE PARADIGME AGRICOLE

La nécessaire R-évolution

Le changement de paradigme ne veut pas forcément dire dualité. Chaque changement amène son lot de résistance et de transition. L'agriculture biologique le montre bien, les consciences n'évoluent pas toutes de manière synchrone et ne passent pas toutes par la même « porte d'entrée » pour comprendre la direction que nous devons collectivement emprunter.

Ainsi, l'agriculture pour muter doit y aller progressivement et combiner les méthodes régénératrices tout en veillant à la viabilité économique. La notion de viabilité économique doit cependant évoluer vers une économie locale et non plus être calibrée sur des critères à très grande échelle et strictement renfermés dans des indicateurs technico-économiques.

Dans le documentaire accessible à tout public « *Les défis d'une autre agriculture* » sur Arte, un groupe de chercheurs de l'université d'Augsbourg rapporte que les prix des produits de l'agriculture conventionnelle seraient aussi élevés voire plus élevés que les prix de l'agriculture biologique si ces prix incluaient les coûts environnementaux. Ainsi, le prix des légumes serait de + 6 %, le prix du lait de + 30 % et le prix du kilo de viande + 43 % .

Selon l'agronome Tobias Bandel, parce que l'eau est polluée par l'agriculture, il faut prévoir d'augmenter voire de doubler le prix du traitement de l'eau pour la dépolluer – cela aurait un impact énorme sur le prix des produits pour le consommateur.

Nous sommes dans une impasse où le modèle de l'agriculture conventionnelle s'émiette à mesure que les indicateurs de la fertilité des sols et de la biodiversité s'effondrent. Sven, un horticulteur bio installé sur 10 hectares augmente ses coûts de production en produit phyto (engrais) pour obtenir le même rendement et est souvent contraint de vendre ses fraises bradées au prix du conventionnel car il est en transition bio (2 ans). Cela veut dire que Sven doit attendre deux années pour s'aligner sur les prix du Bio. En fonction des cours du marché, cet horticulteur subit une baisse de prix de plus de 200 %. C'est 80 % de perte de recettes, 40 saisonniers et à peine 10 % qu'il perçoit.

Même en culture conventionnelle, beaucoup d'agriculteurs rapportent des prix de ventes inférieurs aux prix de production – L'impasse est là.

Sur les réseaux sociaux, un post public m'a particulièrement touchée c'est celui de Marie **53, maraîchère. Il traduit le malaise et les difficultés d'une génération en souffrance, volontaire et pleine d'espoir qui fait face à un système inerte, paralysant toute ambition. *« Mais alors pourquoi je ne vais pas bien ? Parce que depuis que je me suis installée, je me suis pris une énorme claque dans la figure. Mal préparée, trop jeune, trop sûre de mon coup, trop impulsive, je me suis lancée à corps perdu dans l'aventure »* dit Marie. D'autres agriculteurs ont rapporté que les formations n'étaient plus adaptées aux nouveau actifs agricole car les nouveaux viennent des villes et non des familles d'agriculteurs comme ils disent. À cela s'ajoute des problématiques systémiques *« la lenteur à l'installation, le mauvais temps, le retard dans les jardins, les résultats de ventes minables …J'ai touché des aides à l'installation, pour lesquelles je me suis engagée à rester agricultrice à titre principal pendant 4 ans. Si j'arrête avant fin 2021, je devrais rembourser au moins 17 000 €, peut-être même beaucoup plus si on compte des subventions, des taxes sur la plus-value et autres trucs pour lesquels je ne suis pas assez informée encore… Alors je continue, au moins jusqu'à la fin de l'année. »*, dit Marie en détresse.
« Mais ce qui me pousse à sortir de mon silence, c'est que si moi je suis dans une situation compliquée, alors combien d'autres d'agriculteurs n'osent pas parler de leur détresse ? De leur usure corporelle ? De leur santé mentale en péril ? De leurs problèmes financiers ? On parle souvent qu'il y a beaucoup d'agriculteurs qui se suicident, mais je comprends maintenant…alors OUI, j'y ai déjà pensé aussi depuis 1 an ». Devenir paysan ou paysanne en 2021 est le plus beau métier au monde, mais il doit sortir des rouages d'un système qui nous isole, qui nous met en silo et qui brûle notre énergie. *« le surmenage, l'absence de vacances, les ravageurs, les factures, la météo, etc. Combien d'autres ne se suicident pas, mais souffrent tous les jours mentalement ? Parce qu'ils sont épuisés, qu'ils ne gagnent pas assez, qu'ils sont isolés, et qu'ils n'en parlent pas, par pudeur, par honte, par manque de moyens »*. Dans son témoignage, Marie met aussi en perspective l'importance du rôle

des consommateurs locaux. Nos porte-monnaie représentent le pouvoir fédérateur pour impulser un autre système en rupture avec les perfusions et les chaînes d'approvisionnement mondialisées qui acheminent chaque jour les produits concurrents à nos producteurs locaux. *« Alors n'oubliez pas d'aller chez les petits producteurs, même pour un mini truc si vous n'avez vraiment pas les moyens, avec un sourire et un mot gentil. »*, dit Marie.
« N'hésitez pas à diffuser largement ce post, pour que la santé mentale des agriculteurs soit entendue... Marie». À la fin de son post, elle demande de partager largement son message, c'est ce que je fais en partageant des extraits de son témoignage dans ce livre.

Amener un système à bout de souffle vers un autre système se fait donc en douceur, avec raffinement et dans la compréhension des mécanismes et des logiques systémiques. C'est-à-dire premièrement, la compréhension des mécanismes du Vivant, puis du corps socio-administratif. Selon certains députés européen, la PAC et les subventions doivent soutenir les actions utiles et venir aux solutions écologiques. Certains rapportent que sur 58 milliards d'euros, 44 milliards sont attribués en financement direct (par hectare, quel que soit le type de culture) et seulement 14 milliards sont pour les agriculteurs respectant l'environnement, le climat et la condition animale. Ces députés encouragent donc une meilleure répartition à l'échelle européenne, mais celle-ci n'a pas été retenue en 2021.

La nécessaire r-évolution des pratiques agricoles repose sur la volonté politique, mais aussi sur la volonté citoyenne à comprendre le vivant et se former aux nouvelles pratiques pour préparer la relève lorsque les départs en retraite de 2025 seront au plus haut.

Comprendre et assimiler les mécanismes du fonctionnement du vivant est accessible à chacun d'entre nous – la formation facilite la transmission. Comme le dit si bien le Dr.Ingham, nous devons passer d'un stade où l'agriculture était *rationnalisée et chimique* au stade de l'agriculture *bio-chimique,* c'est-à-dire produire en utilisant la fonctionnalité des micro-organismes (M.O) qui résident dans le sol.

Les micro-organismes sont à l'origine de la chimie naturelle des sols, ce sont eux qui sont responsables des cycles biogéochimiques (azote, carbone, phosphore, eau). Avec l'avènement des engrais pour produire en masse, les micro-organisme sont « *devenus fainéants* ». Puis les herbicides, fongicides et pesticides les ont achevés.

Une des solutions consiste à réactiver ces fabuleux micro-organismes. Je parle souvent du Dr. Ingham car ses 45 années de recherches et ses travaux à travers sa fondation Soil Food Web, rassemble déjà des données économiques, biologiques et empiriques dans l'accompagnement du changement des pratiques agricoles pour les grandes parcelles (ex : 300 hectares). Plusieurs agriculteurs en France, aux États-Unis, en Allemagne et partout dans le monde transforment progressivement leurs modèles et démontrent la viabilité écologique et économique d'un modèle basé sur les fonctionnements biologiques naturels. En France, l'exemple de Sébastien Blache est un modèle encourageant qui combine ensauvegement des parcelles et polycultures.

Je fais partie des élèves de l'école du Dr.Ingham qui enseigne la microbiologie des sols comme solution pour augmenter les rendements, la profitabilité des parcelles tout en la régénérant et en l'inscrivant dans une durabilité écosystémique. La technique n'est pas antinomique avec la nature, bien au contraire, elle considère la nature comme un allié. J'ai aussi été fortement inspirée par le Pr Rattan Lal, (soil scientist) et je suis persuadée que suivre « *le règlement intérieur du vivant* » reste la clef de notre avenir.

Ci-dessous, je vous ai mis quelques captures d'écran d'un webinaire portant sur le suivi des agriculteurs qui ont passé le cap. Ces webinaires me garantissent une ouverture internationale, de multiples canaux d'informations provenant de différents pays, des informations économiques et scientifiques. Ainsi, je vous présente brièvement une étude de cas d'un consultant membre du réseau qui accompagne les agriculteurs dans leurs transformations vers des pratiques agricoles régénératives. Leurs démarches consistent aussi à accompagner les institutions, les particuliers et les agriculteurs vers des modèles d'agriculture durables et régénératifs. Toutes les branches de l'agriculture sont concernées : le maraîchage, les céréales, l'agroforesterie, les vignes, l'arboriculture, le système agro-sylvo-pastoraux…

ÉTUDE DE CAS

Étude de cas sur 200 hectares de bananeraies

Le webinaire du 08 Avril 2021 de l'équipe du Dr.Ingham visait donc à mettre en avant des études de cas à grande échelle. Ici, le consultant accompagne une exploitation de 200 hectares de bananeraies. L'agriculteur reportait une baisse de rendement, une forte consommation d'eau et des problèmes de parasites sur son exploitation. Par ailleurs, il dépensait de plus en plus d'engrais et de pesticides et fongicides pour produire moins.
L'enjeu est de progressivement passer d'un système qui repose sur des intrants à un système basé sur les processus biologiques : prédation naturelle, relance des cycles biogéochimiques pour augmenter les rendements, réduction des coûts et augmentation de la tolérance du sol à la sècheresse. L'exploitation est mécanisée.
L'un des premiers objectifs est d'améliorer les pratiques mécanisées pour que celles-ci ne soient plus pénalisantes pour la biologie des sols – L'agriculteur souhaite réduire au maximum la mécanisation et l'utilisation des engrais. Il est important de comprendre ce que désire l'agriculteur et de l'accompagner progressivement dans la reconversion de ses pratiques.
Dans ce cas précis, il est impensable de laisser de côté la mécanisation et les pesticides.
Le plus important, c'est le processus de compréhension de la biologie et comment celle-ci va concrètement s'intégrer dans les pratiques quotidiennes. En fonction de l'analyse de l'exploitation, du sol et des désirs de l'agriculteur, il est important après de calibrer les pratiques agricoles sur les objectifs biologiques réalisables sur une première parcelle. La progression vers un modèle plus biologique dure donc 2 ans.

Capture d'écran 1 : Étude de cas régénérative sur 200 hectares de bananeraie

Les objectifs : production locale de nutriments, suppression des pesticides et augmenter la tolérance environnementale. En augmentant la fonctionnalité biologique on réduit les coûts de productions (Source : Webinar Soil Food Web, 2021)

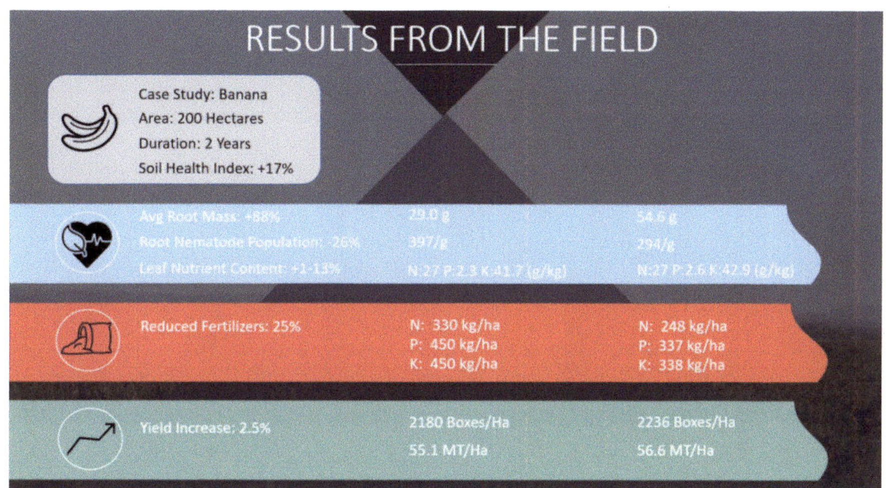

Capture d'écran 2 : Étude de cas régénérative sur 200 hectares de bananeraie

\-   *La masse racinaire a augmenté de + 88%*

\-   *La population des nématodes au niveau des racines à été réduite de - 26 %*

\-   *Le système foliaire contient plus de nutriments alors que la consommation d'engrais a été réduite de - 25 %.*

\-   *Les rendements ont été augmentés de + 2.5 %*

(Source: Webinar Soil Food Web, 2021)

Capture d'écran 3 : Étude de cas régénérative sur 200 hectares de bananeraie

À gauche : Un système racinaire ayant reçu de traitements aux fongicides, pesticides et des engrais. Sur les racines, il n'y a aucune présence de mycorhizes.

À droite : un système racinaire ayant reçu un ensemencement aux M.O provenant d'une technique de compost enseignée par le réseau Soil Food Web. Les agrégats montrent la prolifération des systèmes mycorhiziens, favorisant les interactions avec les bactéries et l'assimilation des nutriments.

(Source: Webinar Soil Food Web, 2021)

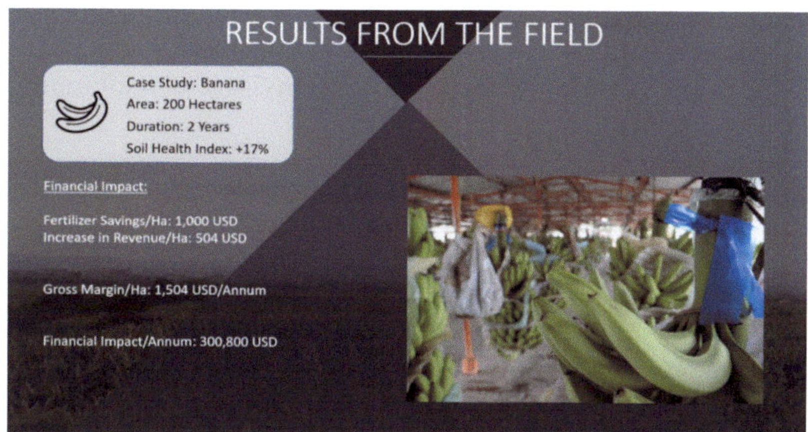

Capture d'écran 4 : Étude de cas régénérative sur 200 hectares de bananeraie

Les pratiques agricoles régénératives de la biologie des sols ont permis à l'agriculteur d'économiser 300 800 $ par année, soit 1 504 $ par hectare par année.
(Source: Webinar Soil Food Web, 2021)

La production de bananes est très demandée dans le monde. Seulement, avec le temps, la pollution au chlordécone**54 a drastiquement éteint la fertilité des sols et empoisonnée la population locale. Cette pollution a probablement aussi des effets néfastes pour les consommateurs. La consommation de divers pesticides est toujours d'actualité et représente un problème dans les bananeraies à la fois écologique et économique. L'objectif de cette expérimentation était d'augmenter la fonctionnalité biologique des sols afin de réduire la consommation de pesticides et d'engrais sur plusieurs années et d'observer la rentabilité économique.

J'ai jugé que l'intégration de ces études de cas dans mon livre était importante pour montrer que cela est possible. Suivant régulièrement les formations du Dr. Ingham, j'ai pu prendre conscience que de nombreux pays testaient ces solutions basées sur les micro-organismes. Je m'estime chanceuse d'avoir pu vivre dans d'autres systèmes, organisations, climats, car l'éventail de mes connaissances s'est élargi et me permet aujourd'hui de transmettre tout ce que j'ai vu, ce que j'ai appris et ce que je continue à apprendre des autres en collaborant avec plusieurs pays, et plus récemment, avec les techniques agricoles des peuples premiers.

Imaginez les solutions que nous pouvons mettre en place pour les territoire d'Outre-Mer. Messieurs et Mesdames les Élus de Guyane, de Guadeloupe, de Martinique avez-vous envisagé ces solutions ?

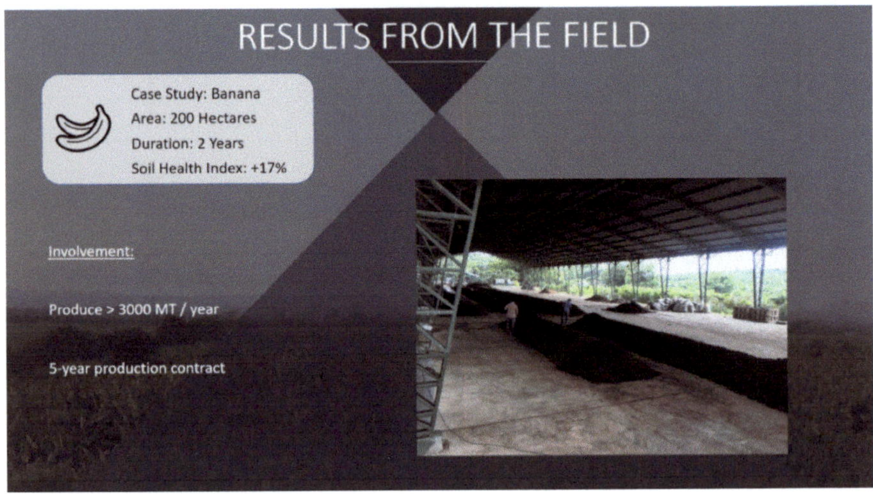

Capture d'écran 5 : Étude de cas régénérative sur 200 hectares de bananeraie

Les résultats sont supérieurs aux objectifs de départ. Soit 3 000 mégatonnes de bananes pour 200 hectares par an.
(Source: Webinar Soil Food Web, 2021)

Étude de cas sur 10 117, 141 hectares (25 000 acres) et 1 000 000 $ économisé par an

Lors des webinaires hebdomadaires que je suis depuis la France, je souhaitais présenter une autre étude de cas qui me semblait importante à communiquer dans ce livre pour appuyer la faisabilité d'un modèle d'agriculture basé sur les micro-organismes. Il n'est jamais trop tard pour mettre en action le changement de nos pratiques agricoles, la clef réside dans la formation et l'accompagnement des agriculteurs et des futurs actifs agricoles.

__Capture d'écran 1 : Étude de cas régénérative sur 10 117, 141 hectares (25 000 acres). Production de betteraves__
À gauche : La production de betteraves en conventionnel est de 26 tonnes / acre avec une contenance de 14 % de sucre.
À droite : La production de betteraves sur la parcelle expérimentale est de 37 tonnes /acre avec une contenance de 18 % de sucre.
La productivité a augmenté de 42 % et la contenance en sucre est plus importante
(1 acre = 4046,86 m2)
(Source: Webinar Soil Food Web, 2021)

Reduced Compaction, Higher Production with Compost Tea

Capture d'écran 2 : Étude de cas régénérative sur 10 117,141 hectares (25 000 acres)

À gauche : zone avec peu de plantes, zones anaérobies et hydromorphes, 300 psi au pénétromètre (sol compacté) à 7 pouces (17,18 cm de profondeur).

Dans la zone des grandes plantes, il y a 100 psi à 7 pouces. La production est de 4 tonnes /acre.

À droite : Une année plus tard, après l'application de 20 gallons / acre de solution de micro-organismes, 0.5 tonne / acre de compost (calibré en fonction des micro-organismes) et 2 gallons / acres d'un autre liquide de micro-organismes. Le sol se décompacte et la production est de 7 tonnes / acre.

(1 pouce = 2,54 cm)

(Source: Webinar Soil Food Web, 2021)

Capture d'écran 3 : Étude de cas régénérative sur 10 117,141 hectares (25 000 acres)

À gauche : Contrôler les pâturages en utilisant 8 tonnes par acre de fumier et de gypse pour lessiver les sels, améliorer le calcium

À droite : 20 gallons / acre de liquide contenant des micro-organismes (provenant de composts et de culture de poissons), gain de poids amélioré de 25 %, mais l'agriculteur s'est plaint de l'excès d'herbe qu'il a dû mettre en balles

(Source: Webinar Soil Food Web, 2021)

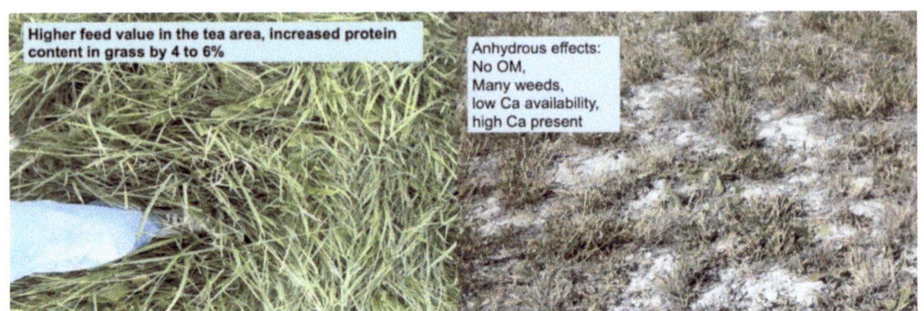

Grasses Results

Capture d'écran 4 : Étude de cas régénérative sur 10 117,141 hectares (25 000 acres)

À gauche : Une valeur nutritive plus élevée dans la zone traitée avec le liquide chargé de micro-organismes, augmentation de la teneur en protéines de 4 % à 8 %

À droite : Zones anhydre (zone sans eau), aucune matière organique, mauvaises herbes, faible disponibilité du Ca malgré sa forte présence.

(Source: Webinar Soil Food Web, 2021)

Capture d'écran 5 : Étude de cas régénérative sur 10 117,141 hectares (25 000 acres)
À gauche : les pommes de terre contrôlées : 280 sacs par acre
À droite : 400 sacs par acre après utilisation des micro-organismes, pas de présence des doryphores du Colorado (insectes)
(Source: Webinar Soil Food Web, 2021)

Capture d'écran 6 : Étude de cas régénérative sur 10 117 hectares (25 000 acres)

Les paysans ont réduit leurs coûts de production en remplaçant les fertilisants et engrais avec un compost bien calibré et des extraits de composts micro-biologiques calibrés provenant d'autres sources.
+ 42 % de production en pommes de terre
+136 % de production de pois
+42 % de betteraves avec + 4 % de sucre
+ 25 % d'augmentation de poids chez les bovins
De 4 % à 6% d'augmentation de la contenance en protéine pour le fourrage
Réduction de la compaction du sol de 300 à 100 psi
25 000 $ en plus par acre
Capacité de produire leur propre liquide régénératif
20 ans de contrat rémunéré avec une production de 40K par acre à travers le projet Petroleum Area Restoration
(Source: Webinar Soil Food Web, 2021)

À travers mes formations avec l'école, j'ai l'opportunité de participer à différents webinaires, conférences, veilles scientifiques mais aussi à différents projets réalisés dans le monde. Je peux ainsi actualiser mes savoirs, apprendre des autres, sur les différentes pratiques et solutions appliquées dans le monde.

Des services écosystémiques collaborateurs
Il existe beaucoup d'autres études de cas démontrant la faisabilité du passage d'une agriculture conventionnelle à une agriculture régénérative. Cela est rentable, systémique et local. La clef réside encore une fois dans la construction des ponts entre les savoirs pratiques agricoles régénératifs et les savoirs biologiques. Beaucoup d'agriculteurs français me disaient qu'ils n'étaient pas scientifiques et qu'ils n'avaient pas appris cela à l'école ou que cela leur semblait compliqué et que, par conséquent, ils ne voulaient pas faire cela. Pourtant, lorsqu'on commence à les prendre par la main, à les comprendre et à écouter les problématiques qu'ils rencontrent , on voit un changement de posture. L'accompagnement n'est ni inquisitoire ni même là pour faire culpabiliser, il est là pour accompagner, transmettre et pour rassurer. Dès lors que le monde du microscope s'ouvre à tous, un autre monde apparaît : celui du monde invisible avec ses micro-organismes. C'est tout de même dommage de côtoyer ses terres chaque jour et d'en ignorer sa vitalité – Mr. Claude Bourguignon disait qu'il était un des derniers à avoir suivi des cours de microbiologie en France dans les années 80…. Je comprends mieux pourquoi cela est donc ignoré par la plupart des agriculteurs à l'heure actuelle. Même si la régénération des sols a le vent en poupe, le travail de formation est colossal pour transmettre ces clefs vitales à une nouvelle génération d'actifs agricoles pour 2025. Enseigner des pratiques régénératives des écosystèmes consiste tout simplement à transmettre les informations que nos paysans connaissaient intuitivement il y a bien longtemps avant la révolution verte. Dans mon approche, la démocratisation du microscope est primordiale et permet aux agriculteurs de se mutualiser et de rencontrer leurs terres sous une autre perspective.
Les multiples études de cas à grande échelle et sur des plus petites échelles démontrent bien que ce modèle est possible. Les idées reçues sur des écosystèmes compétitifs ne collent pas totalement à la réalité biologique des sols.

Ainsi, pour entrer dans le monde du sol et pour expliquer de manière très simplifiée, les bactéries sont à la base de tous les organismes vivants sur terre- y compris l'humain. Sans elles, nous ne pouvons pas vivre – pourtant il y a quelques temps, dans l'imaginaire collectif, nous avons décidé de toutes les classer comme « *dangereuses* », alors que ce n'est pas le cas. Souvenez-vous qu'un microbiote intestinal en forme est le garant de votre bonne santé. Il en va de même avec le microbiote du sol, qui est le garant d'une alimentation riche en valeur nutritionnelle et indirectement de notre bonne santé en produisant sainement ces fruits et légumes.

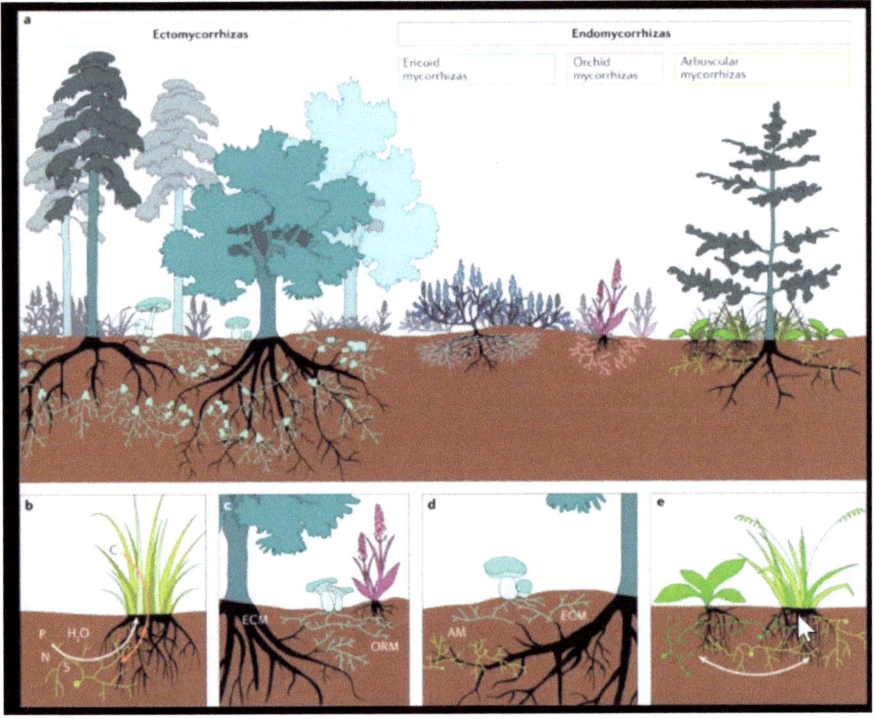

Figure 7 *: Symbioses des systèmes mycorhiziens**55. (Source : Genre.A., Lanfranco, L., Perotto, S. et al. Unique and common traits in mycorrhizal symbiosis. Nat Rev Microbiol 18, 649-660 (2020). (Source: International Soil Summit 2021, Dr Susan Simard, USA)*

Figure 8 : *Les arbres utilisent les réseaux de champignons souterrains pour échanger des nutriments et aider les plantes voisines.*
(Source : Internantional Soil Summit 2021, Dr Susan Simard, USA)

« *Je ne suis pas différent de la fourmi, ni de l'arbre, ni du guépard* »
Proverbe Bali Aga, du village animiste de Tenganan sur l'île de Bali

PARTIE III.
TRANSMETTRE UNE VISION ORGANIQUE D'UNE GESTION DURABLE DES TERRITOIRES VIVANTS

CENTRALISATION DES MODES DE PRODUCTION

Les problématiques liées à ce mode de fonctionnement

Production locale centralisée :
aucune proximité avec le consommateur

Baisse de la fraîcheur et des valeurs nutritionnelles des produits (conditionnement, transport...)

Plus de pollution pour l'environnement :
emballages plastiques, extraction des ressources comme le phoshore et le pétrole, carbone...

Grande dépendance aux flux et aucune résilience :
flux des impots, engrais, composants électroniques pour l'agriculture connectée, pétrole, électricité ...

Obligation de produire à grande échelle et entretien du système agricole actuel :
utilisation des produits phytosanitaires, fongicides, herbicides, pesticides...)

Vulnérabilité importante en cas de problème sur une centrale alimentaire :
gros impact sur la production, sur l'approvisionnement de la population et l'économie

Production alimentaire vulnérable :
indexée et dépendante des transports, des plateformes logistiques, des flux informatiques ...

Déséquilibre économique :
suicide des agriculteurs, produits inacessibles pour les foyers à faible revenu, chômage

Rupture avec l'économie locale, beaucoup d'intermédiaires, hausse des prix

Augmentation des crises majeures en fragilisant le lien social :
pénurie alimentaire, problèmes d'approvisionnement, rupture du lien social, population non préparée à la frustration et à la gestion de crises, système trop compétitif.

Figure 1 : *Modes de productions actuels : perfusés aux imports/ exports, centralisés et dépendants des flux logistiques. Ce système est vulnérable.*

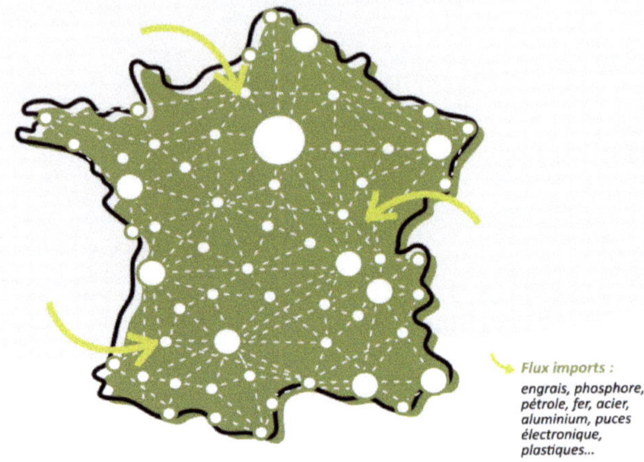

Production locale décentralisée (rayon de 20 km) et ceinture alimentaire à proximité des consommateurs (du site de production à l'assiette)

Fraîcheur et qualité nutritionnelle des produits alimentaires

Réduction et arrêt des pollutions : pas d'extraction, moins de transports, moins d'emballages plastiques, moins de carbone...

Réduction des dépendances : produits phytosanitaires, bois, métaux, pièces électroniques...

Prolifération de l'agriculture régénérative : développement de la biodiversité, baisse des coûts de production, augmentation de la rentabilité...

Résilience & plasticité : en cas de problèmes survenant sur une ceinture alimentaire, une autre ceinture alimentaire prends le relais, limitation de l'impact ...

Circuits économiques locaux et moins d'intermédiaires

Rémunération directe des producteurs : avec l'émergence des conso-acteurs

Création d'emplois non délocalisables : absorption du chômage et émergence de nouveaux métiers

Mycelium social : réseau d'entraide, lien avec l'autre, équipté, redistribution

Réduction des vulnérabilités en cas de crises majeures :

pénurie alimentaire, crise économique et sociale, violence, En créant une accessibilité alimentaire, une pacification sociale grâce à une assiete pleine, une implication de tous dans l'effort alimentaire collectif.

Figure 2 : Organisation en Toile Alimentaire sur le territoire

c'est la décentralisation des modes de production sur des petites échelles locales. Concrétisation de la résilience alimentaire, c'est une vision organique et biomimétique de la production alimentaire sur un territoire. Elle est structurée en réseaux, à proximité des citoyens, autonome. Sa fonctionnalité est proche du fonctionnement du mycélium. Les ceintures alimentaires urbaines et rurales sont organisées par quartier, opérées sur de petites échelles dont elles nourrissent les habitants, elles sont en lien avec les autres ceintures alimentaires et privilégient les circuits très courts (2 km). Les divers acteurs (les paysans, les citoyens, les collectivités locales…) sont engagés, organisés et responsables de leurs productions alimentaires.

L'ACCÈS À LA TERRE

Où est le foncier agricole ?

Depuis ces deux dernières années en France et depuis dix ans aux États-Unis, j'observe un drôle de phénomène. Les terres agricoles disparaissent et il devient difficile de s'installer en agriculture**56. Pourtant le choses ont l'air d'aller dans le bon sens quand on visite le site du Ministère de la Cohésion des Territoires et des Relations avec les Collectivités Territoriales. Le SCoT (schéma de cohérence territoriale) est un projet stratégique partagé pour l'aménagement d'un territoire. Il a été créé par la loi Solidarité et Renouvellement Urbain (SRU) en 2000. Son périmètre et son contenu ont été revus par l'ordonnance du 17 Juin 2020 afin d'être adapté aux enjeux contemporains après la crise du COVID-19.
Le SCoT **57 à l'échelle intercommunale, assure la cohérence des documents sectoriels intercommunaux, types PLU et PLUi (Plan Locaux d'Urbanisme intercommunaux). Ces derniers doivent donc être compatibles avec les orientations du SCoT.
En 2020 il est écrit que le SCoT est recentré sur le projet politique stratégique du Plan d'Aménagement et de Développement Durable (PADD). Très récemment, le 08 Avril 2021, le Conseil National de la Résilience Alimentaire **58 faisait ses premières journées.
Par ailleurs, j'observe un exode citadin et la venue de pleins de néo-paysans qui se retrouvent souvent dans une quête sans fin pour obtenir quelques hectares de terre. D'autre part, la retraite de nos agriculteurs approche (2025), la relève et les volontaires sont là, les fonds de formations disponibles, mais tout coince car il y a

cette difficulté d'accès à la terre. Je connais plusieurs jeunes souhaitant s'installer dans différentes régions pour rejoindre les agriculteurs, venir en renfort et prendre de la graine. Puis je vois le prix des hectares agricoles qui augmentent et deviennent donc inaccessibles.

Les nouveaux propriétaires aux États-Unis sont certaines fortunes, dont certains qui ont décidé de conquérir le monde en achetant les terres et louant les micro-fermes déjà installées aux fermiers indiens. Par exemple, aux États-Unis, une grande fondation très connue est propriétaire de 97933.9254 hectares (242,000 acres). En France, nos terres nourricières se volatilisent aussi, laissant ainsi les nouveaux paysans sans terre.

« Depuis quand les paysans ne peuvent plus devenir propriétaires de leurs terres ? Avez-vous remarqué ? »

Spéculation foncière59**
Nous assistons à la continuité du colonialisme avec le néocolonialisme**60 qui, par diverses approches, maintient son influence sur un pays (bien souvent une ancienne colonie). Les terres agricoles sont bien souvent les cibles qui suscitent plusieurs stratèges financiers ou encore commerciaux. Le cas le plus récent est celui du Monténégro avec la Chine **61: le port de Bar (le plus grand port industriel des Balkans, c-a-d- une porte d'accès à l'Europe centrale) ainsi que de nombreuses terres pourraient être annexées de manière parfaitement légale par la Chine. À l'origine de cette menace sur le Monténégro, un projet d'autoroute et un emprunt auprès d'une banque chinoise. Le contrat prévoit que si le Monténégro ne peut pas rembourser la banque, alors celui-ci devra céder des terres, dont le port de Bar. L'article 8 de ce contrat précise que le Monténégro renonce aussi à son immunité sur son territoire souverain.

« Il y a une économie à rénover, des indicateurs à réactualiser et une symbiose à créer. Alors debout et soyons créatifs »
C.B

Par ailleurs, le Monténégro a utilisé une entreprise de maître d'œuvre chinoise pour réaliser les travaux, dont les retards successifs dans la construction et les prix élevés de l'approvisionnement en matériaux ont consommé la totalité du budget emprunté.

Grave impasse pour le Monténégro qui risque de perdre ses terres. Cette technique a déjà été appliquée par la Chine, au Sri Lanka en Asie et à Djibouti en Afrique. Partout dans le monde, la spéculation foncière est montrée du doigt par diverses ONG**62 .
La France n'est pas épargnée par cette spéculation**63. Ces grands mouvements financiers sont rapportés en 2018 par Dominique Potier dans un rapport adressé au gouvernement. En Juin 2021 **64 : *« Le compte n'y est pas. Nous continuons à consommer ce foncier si précieux et non renouvelable. Quelques lois et mesures ont traduit un éveil des consciences sur la nécessité de limiter la consommation. Malgré tout, nous constatons que la volonté et le besoin d'artificialiser sont toujours là »* écrit Emmanuel Hyest, président de la Fédération Nationale des Safer.
À l'heure où la résilience alimentaire, l'unité des peuples et le nombre d'agriculteurs doivent faire *force collective et citoyenne* afin de faire face aux enjeux climatiques, les terres sont toujours accaparées***65…*

Agriculture de précision et objets connectés
Au même moment, Microsoft **66 dévoile ses plans de « résilience alimentaire » et signe des accords avec l'Indonésie**67 et un peu partout dans le monde pour initier la « *nouvelle agriculture connectée* », afin de, « *Transformer l'agriculture avec le pouvoir des données numériques* ». Celle-ci promet des moyens techniques, ergonomiques et assistés. Donc ils sont d'accord de transformer les agriculteurs en *geek* avec la technologie, mais pas en connaisseurs de la biologie du sol ?
À travers mes lectures de la presse internationale, j'apprends que la biologie est relayée au rang du « *greenwashing* » **68 pour y installer des « robots » recueillant des « data » et pilotés avec des objets connectés.
Ce dispositif s'applique donc aussi bien pour les systèmes hors-sols et les cultures en plein champ. Il y a une grande différence entre

utiliser des capteurs numériques pour récolter des indicateurs dans le cadre d'études expérimentales ou de recherches et rendre l'agriculture dépendante d'objets connectés ! Nos connaissances de l'écosystème local, nos capacités à produire et à s'alimenter sont la base de notre ancrage sur une terre. Notre pouvoir de s'alimenter a été réduit à zéro et nous avons perdu l'ensemble des savoirs pratiques. Est-ce une raison pour aller vers le chemin de l'agriculture de précision ? Je ne crois pas. La technologie est au service du vivant et non l'inverse. *Sommes-nous donc en train de glisser insidieusement vers des modes de productions toujours plus centralisés, déconnectés des règles du vivant et peu résilients ? Où vont les investissements ?*

La solution « connectée**[69] » a ses limites car les métaux utilisés deviennent rares et maintiennent les logiques extractives, la surconsommation des ressources naturelles et l'exploitation des uns sur les autres (mines, travail forcé des enfants). Le monde du tout connecté n'ira pas bien loin car il n'y a pas assez de métaux et les pièces sont exclusivement fabriquées en Asie, donc importées. *Comment prôner la résilience des territoires et des modèles écologiques durables quand à nouveau les systèmes de production alimentaire dépendront de perfusions (flux) externes ? Le dernier rapport du GIEC publié le 23 Juin 2021 **[70] ne cesse de sonner l'alarme.*

L'effet « domino » de la crise sanitaire commence à se faire ressentir sur l'activité économique car la production n'arrive plus à s'approvisionner en matières premières – Allez vérifier par vous-même chez les constructeurs automobiles, les constructeurs d'ordinateurs, de vélos nécessitant des métaux tels que l'aluminium ou encore dans les entreprises BTP, les magasins de meubles, pour leurs approvisionnements en bois qui peuvent mettre plusieurs mois**71. C'est le même casse-tête pour obtenir des palettes en bois !

Je vois là une méconnaissance des risques majeurs d'un territoire et une insécurité alimentaire plutôt que des solutions durables en circuits courts.

Le secteur de la construction confronté à une pénurie inédite de matériaux

Les difficultés d'approvisionnement, en acier, en bois et en verre entre autres, engendrent des retards dans les livraisons, des arrêts de chantiers, mais aussi grimper les coûts.

Par Isabelle Rey-Lefebvre

Publié le 06 avril 2021 à 05h25 · Mis à jour le 06 avril 2021 à 09h58 · ⏱ Lecture 3 min.

Article réservé aux abonnés

Un chantier à l'arrêt, à Gennevilliers (Hauts-de-Seine), dans la banlieue de Paris, le 20 avril 2020. LUDOVIC MARIN / AFP

*Photo 1 : Article paru dans Le Monde ** 72*

Photo 2 : Article paru dans Le Figaro **73

Nos matières premières ne sont pas en France et à partir du moment où tout un système dépend de ces flux, nous sommes en danger.

Par ailleurs, l'extraction des métaux n'est plus possible pour des raisons économiques, écologiques et éthiques. Si l'on mange à partir d'une agriculture connectée on ne fait que déplacer le problème, c'est-à-dire aller chercher des métaux, les importer, jouer avec les prix du marché en fonction de la rareté… Par ailleurs, de nos jours la tertiarisation de notre société nous a rendus encore plus vulnérables en ne valorisant plus les activités manuelles. *Savez-vous faire des puces électroniques, les composants requis pour réaliser les objets connectés ? Savez-vous construire de vos propres mains ?* Il devient urgent de remobiliser à la fois nos capacités cognitives, manuelles et intellectuelles sinon certains viendront nous « *augmenter* » par des « *implants neuronaux* », faute de l'avoir fait par nous-mêmes. Notre véritable enjeu est de sortir du monde de l'extraction, de l'exploitation et du tout confort pour entrer dans l'ère vitale et durable plutôt que celle du connectable et du jetable.

En janvier **2021**, le prix de l'**acier** s'établit à 924 dollars la **tonne**, en hausse de 20,6% sur un mois et de 56,3% sur un an. 2 juin 2021

Recherche sur Google le 12 Septembre 2021 à 11:05am

Article de France Info Septembre 2021. https://www.francetvinfo.fr/economie/grandes-surfaces-une-penurie-de-matiere-premiere-menace-les-magasins_4765851.html

Inflation dans les campagnes, source de tension entre ruraux et citadins

À l'échelle internationale se joue donc de gros enjeux pour nos terres et la France n'est pas épargnée par cette logique gargantuesque. Ainsi, pendant que les gros jouent dans la cour des grands, les petits se paupérisent et s'éteignent à petit feu. Depuis le premier confinement, l'exode citadin n'est plus une hypothèse, mais bien un fait concret. Le marché de l'immobilier dans les campagnes flambe. Les ruraux de certaines campagnes ayant un pouvoir d'achat inférieur à celui des citadins, crée des tensions. Je suis souvent le témoin de cette problématique lorsqu'une maison vient de se vendre.

*Photo 3 : Article paru dans France Bleu **74*

Je vois aussi les néo-paysans sans terre se dire que leur projet n'est pas viable par la chambre d'agriculture, des agriculteurs se moquer de « ces jeunes » sans terre et sans expérience. Le syndrome « *Jean de Florette* » représente de manière caricaturale les néo-paysans, qui, pour certains, croient qu'il suffit de planter une graine pour qu'une exploitation soit rentable. Je comprends les deux côtés : les néo et les anciens. Mais je comprends surtout qu'il faut arrêter de se diviser là où doit résider **une coopération absolue autour de l'enjeu alimentaire et écologique.**

Il est temps de s'unir ensemble et d'apprendre des uns et des autres. Ne décourageons pas les néo-paysans, ni les futurs actifs agricoles mais accompagnons cette manne volontaire. Le *microbiote social* doit lui aussi être en bonne santé pour relever ensemble nos enjeux communs: la survie de notre espèce, notre évolution et notre adaptation à de nouvelles conditions climatiques et sociétales. L'heure n'est plus à mettre des pansements pour colmater les fuites, l'heure est venue de changer de paradigme et de système.

GESTION DES RESSOURCES HYDRIQUE

La valeur de l'eau

Ressource absolument mal gérée depuis ces dernières décennies, l'eau est le facteur commun à toute vie sur terre.
Lorsque j'étais en Birmanie, je devais aller chercher à pied mon bidon de 40 litres d'eau potable distribué par la ville. Aucune norme européenne ou autre n'existe pour vérifier les critères sanitaires. Il n'y a pas d'eau au robinet ou alors elle provient des nappes phréatiques situées en dessous des décharges – l'eau n'est dont pas potable, de couleur jaune/ocre pour ceux qui ont un robinet. Avec 40 litres je bois, je me lave, je nettoye mes sous-vêtements dans une bassine, cuisine et lave la vaisselle. J'arrive à tenir 3 à 4 jours en fonction de la chaleur. En Europe et aux États-Unis, une chasse d'eau représente 6 litres ou 12 litres d'eau (en fonction de votre système). Si je dois annoncer à mes amis Birmans et Vietnamiens que nous déféquons dans de l'eau potable, que nous prenons des douches abondantes tous les jours et lavons nos voitures avec cette eau potable ils n'en reviendraient pas !
J'ai donc pris conscience de notre mauvaise gestion de l'eau lorsque j'étais en Asie. Pourtant, le Niger m'avait déjà donné un exemple, mais j'étais trop petite pour réaliser l'ampleur des enjeux. Aujourd'hui, quand je regarde le sol de mon champ et la carte de météo France d'avril 2021 (ci-dessous) j'ai froid dans le dos. Mon indicateur de pluie local fiable est cette montagne appelée *Mielandre*. Lorsque le vent sud souffle, et que le mont de celle-ci n'est plus visible, la pluie n'est pas loin- pourtant c'est souvent qu'elle passe à côté de moi dans la vallée voisine. J'ouvre alors les cuves de récupération d'eau. Je dois constamment veiller à la météo - Si je laisse les cuves constamment ouvertes, l'eau s'évapore très vite avec le soleil et les algues peuvent paraître avec la luminosité. Cette eau sert uniquement pour le système de microbioponie. J'ai donc 4000 litres d'eau de pluie en réserve. Ainsi, je guette la montagne et la météo agricole matin et soir pour capturer la moindre goutte d'eau. L'été dernier lors de mon anniversaire, j'ai dû interrompre ma soirée pour rentrer à la ferme et ouvrir les cuves – Un véritable déluge s'annonçait.

J'interromps donc souvent mes activités en cours, parfois même je me réveille en pleine nuit pour récupérer ces précieuses gouttes d'eau. Finalement, c'est moi le « *Jean de Florette* » !

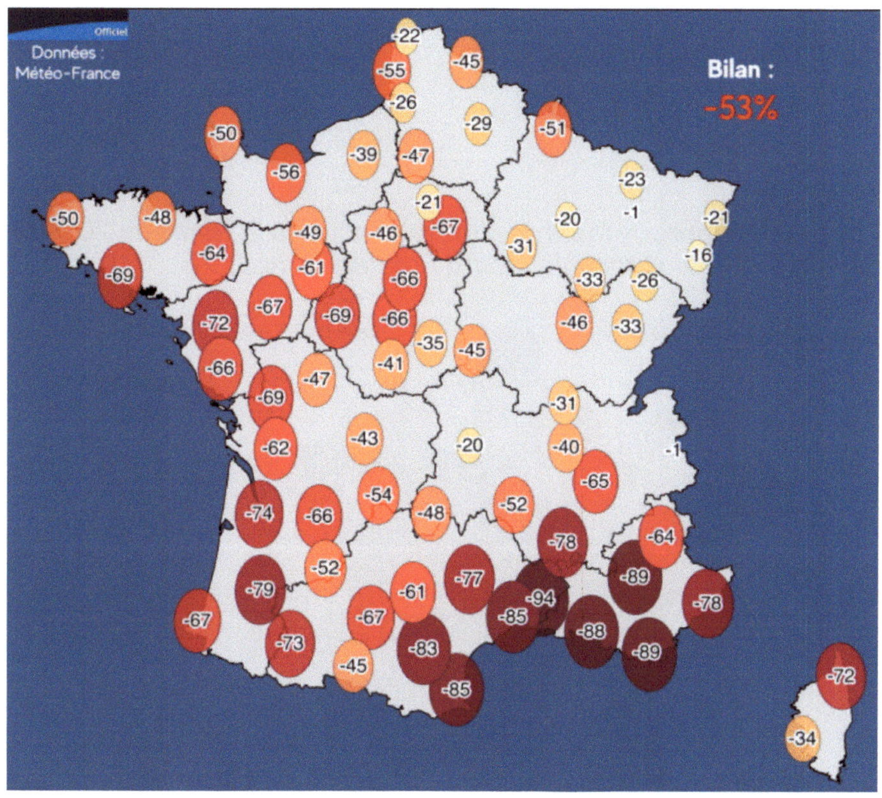

Photo 4 : *Carte de Météo France **75: Écart à la normale des précipitations au mois de mars 2021. Le mois de mars 2021 affiche un déficit pluviométrique de 53 % à échelle nationale*

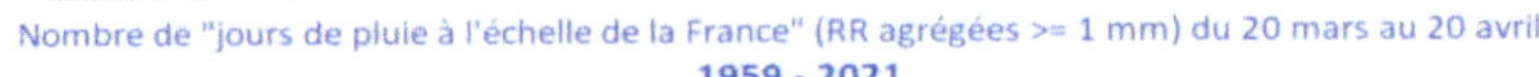

Photo 5 : *Nombre de jours de pluie en France du 20 mars au 20 avril depuis 1959- via François Jobard / Météo France**76*

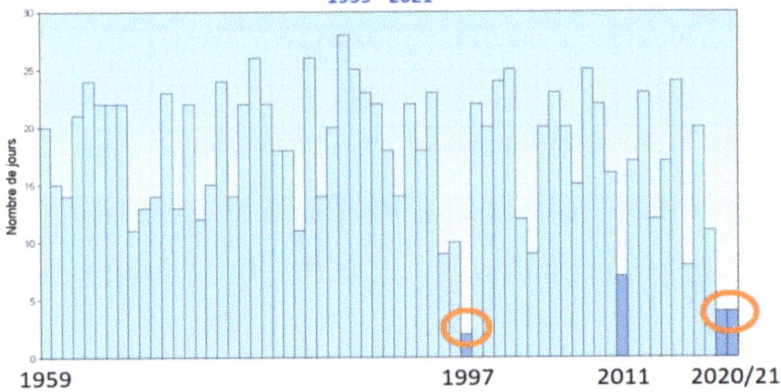

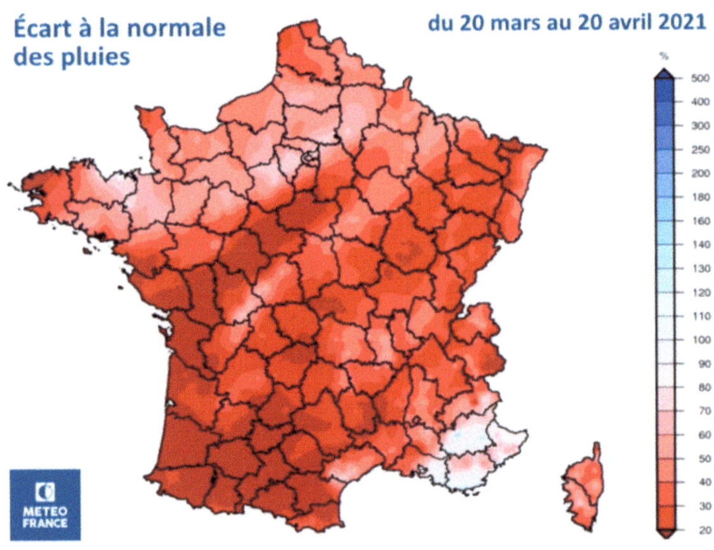

Photo 6 : *Carte de Météo France **77 : du 20 mars au 20 avril, les pluies ont été particulièrement discrètes en France. Les déficits atteignent 80 % à 90 % dans le sud-ouest et du Poitou jusqu'à l'Orléanais. Les sols en surface sont de plus en plus secs.*

Changement climatique : entre inondation & désertification

Pendant que l'Asie boit la tasse, l'Europe et l'Afrique s'assèchent. L'ensemble de mes voyages m'a permis de connaître une variété de climats et donc de changements climatiques. Ces derniers ne s'expriment pas de la même manière en fonction du point où l'on se situe dans le monde. De la Floride aux États-Unis à la Birmanie, au Vietnam et à l'Indonésie, le point commun est que ces endroits coulent littéralement à vue d'œil d'année en année.

Je me souviens que novembre et décembre étaient la période de fortes inondations. Hoi An et Cua Dai étaient majoritairement touchés en 2016, puis à mesure que la déforestation gagnait du terrain, les inondations effaçaient les villes, les villages et les routes de Da Nang à Cua Dai.

Photo 7 : La rue de Cua Dai , Hoi An , Vientam 2017

Photo 8 : *Une rue du centre de Hoi An, Vietnam 2016*

Photo 9 : *La plage de An Bang après le passage des typhons en 2020, Vietnam*

Photo 10 : *Un village vietnamien dans le centre du Vietnam, 2020*

Photo 11 : *La plage de An Bang, Vietnam 2020*

Photo 12 : La plage de An Bang, Vietnam 2020

En 2016, l'eau montait de 1 m à 1 m 50, on pouvait encore circuler dans les rues en nageant dans les eaux brunes où cafards et plastiques flottaient ensemble. Entre 2017 et 2021, les hauteurs ont atteint plus de 3m à certains endroits de la ville, forçant les habitants à vivre pour quelques jours ou semaines sur les toits. Le marché de Hoi An en 2017 a complètement disparu de la carte pendant quelques jours, seul le haut des toits restait visible.

La rivière d'Hoi An nous engloutissait chaque année pour plusieurs raisons : la déforestation intensive de la région, l'augmentation des précipitations et le gouvernement devait régulièrement ouvrir les vannes du barrage qui menaçait de céder à chaque mousson. À l'époque, me disait un vieux « Chu », il n'y avait pas autant de pluie. Les infrastructures n'ont donc pas suivi l'évolution du changement climatique et la déforestation entre Da Nang et Hoi An s'est faite sous mes yeux en me brisant le cœur.

J'ai été stupéfaite de la résilience et de la bonne humeur qui régnaient dans la ville et les campagnes. Les inondations étaient donc tellement habituelles depuis ces dix dernières années que la coutume voulait qu'on monte à l'étage l'ensemble des meubles des maisons.

Personne n'était évacué ou en panique – Quand le Parti tirait la sirène d'alarme en pleine nuit et annonçait avec les haut-parleurs grésillant de la ville (en vietnamien) qu'il fallait se préparer pour les vagues d'inondations, le calme et la bonne humeur restaient présents. Je me souviens qu'au début je ne comprenais pas ce qui était annoncé et je paniquais. La première fois j'étais descendue en pyjama dans la rue pensant qu'un voisin pourrait me traduire en anglais ce qui se disait d'important à 3h du matin. En vain, personne ne parlait vraiment anglais et moi je me sentais dans une grande détresse. Alors j'oubliais le fait que je ne comprenais pas et me mis dans l'observation et le mimétisme total pour m'adapter. Les vietnamiens de mon quartier s'activaient, sortaient eux aussi en pyjama dans la rue, des groupes de 10 se formaient en quelques minutes, la pluie tombait fort. Je suivais sans dire un mot le groupe où les visages me paraissaient les plus familiers. J'étais là seulement depuis 4 mois. Chaque groupe allait chez les uns et chez les autres pour monter les meubles, les denrées alimentaires, installer la cuisine à l'étage, les lits, les bouteilles d'eau. Alors sans réfléchir, je m'exécutais en pyjama et en tongues. Nous passions de maison en maison, de manière collégiale et dans une grande camaraderie. Rires et brouhaha berçaient mes oreilles et calmaient ma peur au ventre. Nous étions sereins et d'une efficacité absolue pour faire l'ensemble des maisons du quartier jusqu'à la mienne. On portait les « Chu » (personnes âgées à mobilité réduite) qui riaient bien d'être portées par une femme française. Je me souviens que les plus âgés parlaient quelques mots de français. Et oui, du temps de l'Indochine et selon beaucoup d'archives, c'était malheureusement eux qui devaient porter les colons français… Mes voisins se moquaient et riaient de moi comme des enfants. Je trouvais ça drôle. Ils n'avaient pas l'habitude de voir des étrangers porter leurs meubles et leurs Sages, ni même vivre selon leurs coutumes. Mes moyens financiers de l'époque ne me permettaient pas d'habiter dans des quartiers riches où beaucoup d'expatriés résidaient. J'ignorais encore à quel point j'allais apprendre d'eux en restant à leur côté, à commencer par l'apprentissage de la langue locale, le vietnamien rural du centre du Vietnam, qui est différent de celui des villes de Hanoi et de HCMC. Après les *bains tropicaux*, me voici dans la Drôme depuis deux ans. Les problématiques rencontrées sont radicalement opposées à celles de l'Asie et de la Floride.

Au moment où j'écris ces quelques lignes, il n'a pas plu depuis 6 semaines et nous sommes le 26 avril 2021. Avant d'aller dormir, j'ai ouvert les cuves car la météo indiquait quelques millimètres de précipitations. Quelle déception ce matin en constatant qu'aucune goutte n'est tombée.
La terre est déjà sèche et craquelée, les plantes ont leur allure du mois d'août et certains arbres n'ont pas survécu au gel et à la sècheresse des 30 derniers jours. Les frênes et les platanes ont du mal à reprendre, les plus jeunes sont morts. La végétation de l'écosystème local ne tient plus la route face à ce changement à grande vitesse… Moi j'essaye de me cramponner et mon parcours tropical m'a habituée aux fortes chaleurs. Par rapport à l'Asie, qui alterne phénomène de *subsidence* **78 dans les villes et excédent d'eau dans ses zones rurales, nous sommes dans une problématique de désertification. Si le stress osmotique (stress où le sel dans le sol est en excédent – stress salin) lié à la montée du niveau des océans est un problème pour les cultures végétales, l'eau est toujours présente et les migrations des populations sont possibles vers des zones plus fertiles. (Égypte,) **79 Mais quand l'eau vient à manquer, il y a de quoi paniquer pour le coup. Dans ma région, les lits des rivières sont secs dès février. Le Jabron n'est plus qu'un ensemble de petites flaques inertes en avril. Sans mouvement l'eau se meurt, s'acidifie par le manque d'oxygène et en devenant inerte, elle ne regroupe plus les conditions œuvrant pour l'apparition de la vie.

Le cycle de l'eau **80

J'ai pu constater que le cycle de l'eau était donc rompu. Problématique planétaire et non locale, l'eau est comme un macro-organisme circulant autour du globe sous 3 états différents (solide, liquide et gazeux). En constant mouvement, l'eau quitte nos sols silencieusement. Mais en réalité, elle vient à manquer sous différentes formes à différentes étapes du cycle de l'eau. : évaporation, condensation, précipitation…Pour simplifier, notre pluviométrie dépend de notre capacité à infiltrer et capter l'eau dans le sol. En réalité, tout part du sol et je suis loin d'être la première à le dire. Pour comprendre le cycle de l'eau de manière très simple, je vous invite à regarder la vidéo que j'ai réalisé en 2020 **81

Voici quelques références en open-source qui permettent de rendre les implications du cycle de l'eau dans notre vie en partant du sol à la goutte d'eau de pluie :

*Figure 3 : Schéma simplifié pour comprendre le cycle de l'eau   **82*

ou tout simplement regarder les vidéos déjà existantes et pédagogiques. La quantité d'eau sur notre planète n'est donc pas illimitée. C'est un élément spécial et particulier qui circule sous trois formes différentes (gazeux, liquide et solide) autour de notre globe. Le cycle de l'eau en réalité s'élargit bien plus qu'à son propre élément. Le cycle de l'eau existe parce qu'il y a le sol avec ses arbres qui infiltrent l'eau, parce qu'il y a des nappes phréatiques qui se gonflent et qui renflouent des rivières et des fleuves qui se jettent dans les mers, les océans. Enfin, parce qu'il y a de l'évaporation et de la condensation pour permettre les précipitations. Elle joue donc un rôle crucial dans la stabilité de notre climat pour que celui-ci soit propice à la vie sur terre. N'étant ni une climatologue, ni une agronome, mais seulement quelqu'un qui teste empiriquement des faits pour modéliser des solutions, ma compréhension du cycle de l'eau est que ce dernier est en interconnexion avec l'ensemble des autres cycles de la vie sur terre.

Lorsqu'un cours d'eau est pollué localement (point de captage, ruisseau ou rivière), les répercutions s'étendent sur plusieurs centaines de kilomètres (ex : les algues vertes de la Floride ou de la Bretagne sont le fait d'une pollution locale ayant des conséquences sur une plus grande échelle).

Quand nous entendons aux informations qu'un département est en stress ou alerte hydrique, nous ne réalisons pas encore pleinement quelles sont les conséquences concrètes. Hormis notre peur de ne plus pouvoir nous alimenter, il est question de la mise en danger de notre « maison toute entière » : pas de culture pour s'alimenter, baisse de la résilience des écosystèmes (arbres morts), désertification, disparition des cours d'eau, disparition de la biodiversité, bouleversements climatiques... La réaction en chaînes d'un évènement pouvant paraître local a finalement des conséquences bien plus globales.

Parallèlement, l'impasse agricole persiste par manque de proposition d'outil de transition. En effet, l'État autorise toujours les agriculteurs en agriculture conventionnelle à pomper dans les points d'eau restants. Des tonnes de litres d'eau sont ainsi acheminées de loin pour les verser sur des terres nues, qui, non seulement ne peuvent pas infiltrer l'eau à cause de leurs qualités agronomiques, mais aussi à cause du choc thermique lié à la différence de température entre l'eau et la surface du sol qui crée une évaporation immédiate. Dans l'état actuel avons-nous le choix ? Nous ne pouvons pas interdire aux agriculteurs d'utiliser l'eau. Le cycle de l'eau est infiniment lié avec les cycles des nutriments (azote, carbone etc) et les forêts.

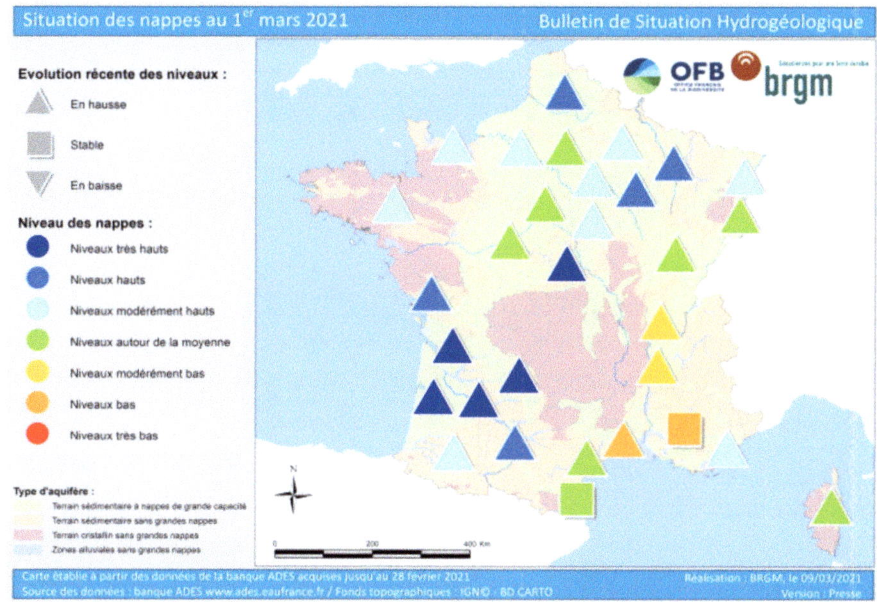

Photo 14 : État des nappes phréatiques par rapport à la normale au 1er mars 2021 – via BRGM.
(Source : https://www.meteo-paris.com/actualites/secheresse-un-manque-d-eau-de-plus-en-plus-important-en-ce-printemps-2021)

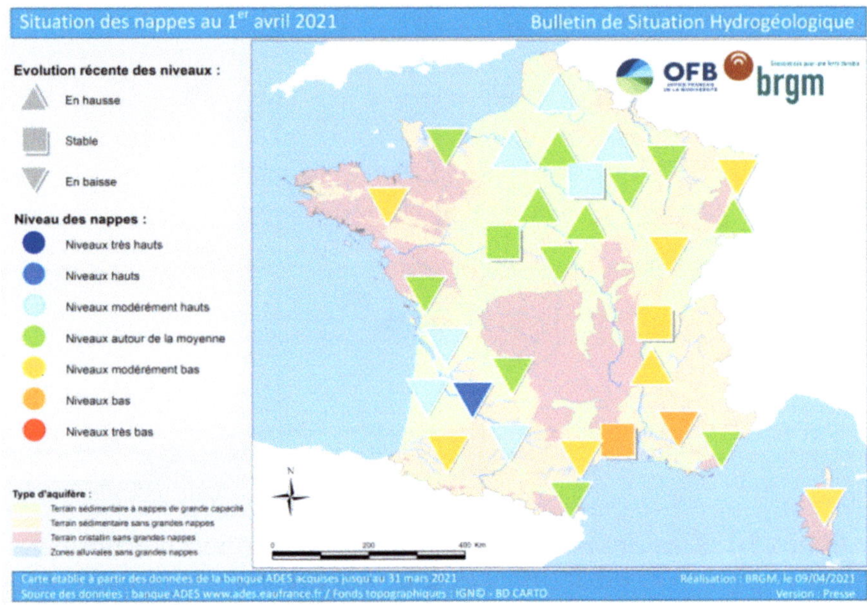

Photo 15 : État des nappes phréatiques par rapport à la normale au 1er avril 2021 – via BRGM.

(Source : https://www.meteo-paris.com/actualites/secheresse-un-manque-d-eau-de-plus-en-plus-important-en-ce-printemps-2021)

Ci-dessous deux <u>tests d'infiltration de l'eau</u> très simple à réaliser sur vos terres provenant des sources de Didi Pershouse et Arte.

Photo 16 : *Test d'infiltration vs ruissellement érosion dans un simulateur de pluie.*
(Source : Didi Pershouse, International Soil Reg Summit, 2021)

Photo 17 : *Placer le tuyau de manière à ce qu'il soit enterré à au moins 1 cm de profondeur dans le sol. Ramener un peu de terre autour pour être sûr que l'eau reste dans la zone délimitée par le diamètre du tuyau. (Arte)*

Photo 18 : *Verser l'eau dans le tuyau (Arte)*

Photo 19 : *Chronométrer la vitesse d'infiltration de l'eau. Lorsque l'eau disparait de la surface du sol vous avez fini. (Arte)*

Quelques ressources intéressantes et accessibles à tous sont en annexe. **83

La pollution de l'eau

Quand l'eau vient à manquer et que les dernières veines (ruisseaux, sources, rivières) du sol viennent à être polluées par diverses sources (rejets de station d'épuration, d'usines BTP, agriculture, plastique…), c'est non seulement notre eau qui est polluée mais aussi nos océans. L'eutrophisation est un phénomène fréquent, récurrent et planétaire. Elle est liée à un apport excessif de nutriments (azote, phosphore, potassium) qui entraine dès lors, une prolifération des algues (réaction de défense) et conduit à une diminution de l'oxygène, une acidification et donc à un déséquilibre de l'écosystème tout entier entraînant souvent la mort de plusieurs espèces (microbienne, végétale, animale, humaine). L'eutrophisation donc est une pollution de l'eau. A cela s'ajoute le stress hydrique, la pollution aux métaux lourds, aux pesticides, aux fongicides, aux herbicides, aux bétons (la Seine à Paris). Malheureusement, nos sociétés industrielles confondent les océans, les fleuves, les mers et les cours d'eau à un égout. Cette vision s'étend désormais partout dans le monde.
En Asie, avant l'introduction du plastique (dans les années 90 pour le Vietnam) et l'ouverture sur la mondialisation, les peuples premiers avaient conscience que l'eau est « sacrée » et ils la traitaient comme une divinité : Devi Vishnu à Bali, le dragon (Long) avec la fête du dragon pour fêter les récoltes de riz et le début de la saison de la moisson au Vietnam.

*Photo 20 : Fête du Dragon (l'eau) au Vietnam et dans d'autres pays d'Asie du sud-est.**84*

L'eau est donc une denrée rare. À la fois bénéfique et condition SINE QUA NON pour permettre à la vie d'apparaître, elle peut cependant être source de maladie et de mort lorsqu'elle devient impropre (stagnante, sans oxygène, souillée et polluée). Avant les grands travaux haussmanniens de la ville de Paris sous le Second Empire en 1853, Paris en 1832 a été touché par une grave épidémie de choléra. Le choléra est causé par la bactérie Vibrio cholerae. Les gens sont infectés après avoir consommé des aliments lavés avec de l'eau contaminée par les selles des personnes infectées. À l'époque, l'eau potable n'existait pas et les parisiens disposaient seulement de quelques fontaines. L'insalubrité est créée par plusieurs facteurs : des ruelles étroites, le manque d'oxygène, l'humidité, la vétusté des bâtiments et aucun accès à l'eau potable. Les égouts n'existaient pas vraiment avec leur longueur de 50 km (contre 2600 km aujourd'hui). Ainsi, en l'absence d'un réel système couvrant l'ensemble de Paris, les matières fécales et les urines étaient accumulées dans des fosses d'aisance qui dégradaient les nappes phréatiques et polluaient les eaux des puits. Les fosses d'aisance n'étaient pas très étanches et étaient vidées et acheminées au pied des Buttes-Chaumont où elles séchaient et devenaient par la suite une matière revendue aux agriculteurs comme engrais.

En Birmanie, l'eau était polluée de la même manière et nous ne disposions d'aucune eau potable ni même d'un accès à l'eau. Il y a donc un monde entre l'hyper-hygiénisme et l'insalubrité. Après autant d'expérience à travers les siècles et jusqu'à nos jours, je ne vois pas pourquoi nous ne pouvons pas atteindre aujourd'hui le « *monde du milieu* », c'est-à-dire trouver le point d'équilibre entre tout aseptiser et manquer d'hygiène. La présence des microbes n'est pas systématiquement synonyme de maladie. Le contexte environnemental détermine le type de microbes (ou micro-organismes) sachant qu'il y a des microbes bénéfiques et pathogènes. Comme dans le sol, beaucoup de microbes issus des conditions anaérobiques sont souvent des pathogènes qui occupent l'espace racinaire et sont responsables des maladies des plantes (pas tous) alors que les microbes aérobies sont les micro-organismes bénéfiques

et indispensables au développement de l'immunité de la plante.
En empruntant des chemins simplifiés, je cherche à mettre en avant l'importance du contexte et des conditions optimales pour permettre à la vie de s'exprimer dans son équilibre. L'eau peut donc être porteuse de vie comme de mort et il ne tient qu'à notre société de considérer cet élément comme une personne morale plutôt qu'une matière inerte dans laquelle nous déféquons.
Nous sommes constitués de 60 % d'eau et nous devons boire quotidiennement 1,5 litres par jour. L'eau que nous mettons dans nos corps contribue fortement à notre bonne santé qui découle de la bonne santé de notre microbiote intestinal. Si je mange des aliments gavés d'antibiotiques pendant des années, et je sais de quoi je parle, ou que je bois une eau trop chargée en chlore ou en microplastique je détériore la vie microbienne de mon corps. Une étude de Liang Lu et all dans la revue Science of The Total Environment, Volume 667, 1 June 2019, Pages 94-100 met en lumière une interaction entre les micro-plastiques, les micro-organismes de notre microbiote intestinal et les conséquences sur notre santé. Cette équipe de chercheurs du département de Biotechnologie et Bio-engineering de l'université de technologie de Zhejiang à Hangzhou en Chine, alerte et attire l'attention des équipes internationales pour creuser davantage sur ce phénomène, qui selon elle, mérite plus d'attention.

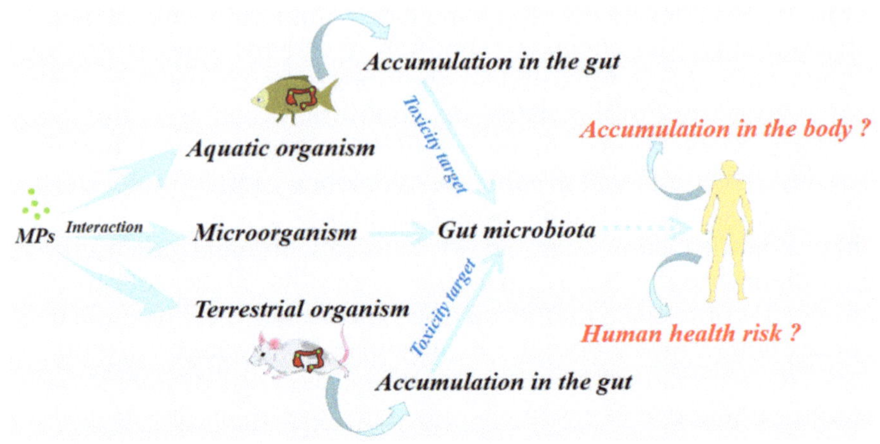

Figure 4. *Intéraction entre les microplastiques, les micro-organismes comme ceux du microbiote intestinal : Une considération sur la santé animale et humaine environnementale**85 et **86*

RETRAITE MASSIVE DES AGRICULTEURS ET TRANSMISSION

2020 à 2030 : Départs massifs à la retraite

En 2019, Le journal *Le Monde* annonçait que d'ici trois ans un agriculteur sur trois partirait à la retraite et que « *près d'un tiers des agriculteurs ont 55 ans et que la question de la transmission était pressante à l'heure où le nombre d'installations baissait* ».

Pour reprendre Maxime de Rostolan**87, la moitié des *agriculteurs* aura donc atteint l'âge de la *retraite* d'ici 2025**88. Nous sommes en 2021, outre les difficultés quotidiennes des agriculteurs durant l'exercice de leurs fonctions, ils doivent désormais faire face en fin de carrière à la baisse des pensions de retraite dont la moyenne est inférieure à 1000 € par mois**89. Ce casse-tête de fin de carrière **90 pousse certains à vendre leurs exploitations aux plus offrants. La compétition est donc inégale entre la spéculation foncière, la précarité des jeunes**91, la paupérisation du peuple rendant donc impossible l'accès aux terres pour ceux qui sont volontaires à l'installation. En rentrant en France, je n'aurais jamais cru être la témoin d'une telle complexité. Impasse d'un système spéculatif où le capital de base (les terres) d'une profession n'est donc plus accessible pour les hommes et les femmes du métier. C'est comme si on ne fournissait pas d'ordinateur à un webmaster ou un stéthoscope à un médecin. Pourtant il va bien falloir manger.

Les chambres d'agriculture s'engagent à « *relever le défi de maintenir le nombre d'actifs agricoles en accompagnant les installations et en développant la transmission des exploitations avec des projets performants et durables **92»*. Je ne doute absolument pas de leurs bonne volonté et pense même qu'il va falloir conjuguer les efforts interdisciplinaires. Car force est de constater que sur un plan plus concret, j'ai rencontré dans plusieurs régions plus de futurs actifs agricoles qui se découragent à force de ne pas trouver de terre ou à force de se faire entendre dire que leurs projets ne sont pas viables économiquement, que de concrétisations. L'installation agricole est souvent un parcours du combattant alors que les forces vives sont présentes.

C'est là que je me dis qu'être interdisciplinaire permettrait de mettre à jour les critères de viabilité, qui doivent nécessairement évoluer au fur et à mesure des changements de pratiques agricoles. Comment chiffrer et déterminer la viabilité d'un projet alors que nous en sommes encore à chercher les indicateurs ? L'agronome Isabelle De Lannoy **93 parle d'indicateurs et d'économie symbiotique. Actuellement, nous manquons clairement de nouveaux indicateurs en lien direct avec les changements des pratiques agricoles qui caractérisent la mutation du système économique. Si nous ne faisons pas confiance à ces projets, si nous ne faisons pas confiance aux nouveaux projets alors quand le ferons-nous ? Si nos pratiques se doivent d'être durables, alors quand inclurons-nous ces nouveaux indicateurs ?

Aujourd'hui, nous n'en sommes pas encore à inclure dans les prix du conventionnel les indicateurs du coût de production environnementale (ex : combien d'eau, combien de dégradation des sols, combien de plastique, combien de transport, combien d'emprunte carbone pour une banane bio d'Outre Mer ?). Il est primordial de veiller à la viabilité économique d'un projet, je le rappelle : Pour être économique, l'agriculture doit être écologique (Charles Walter, économiste 1970). Les directions qui ont été choisies avec la révolution verte ont donc fourni des indicateurs de viabilité économique qui traduisaient une volonté donnée à un moment qui appartient au passé et qui correspond donc à un modèle économique agricole arrivant à son obsolescence. Désormais, si nous prenons la direction d'un autre système de production décentralisé, régénératif et durable, nous devons nécessairement innover dans le modèle économique. Établir de nouveaux indicateurs économiques, qui sont en quelque sorte, le fruit concret d'un changement réel de modèle. Ainsi, du changement de mode de production émane de nouveaux indicateurs caractéristiques d'une nouvelle économie. Par conséquent, il devient urgent de repenser et de recalibrer la grille de lecture de la viabilité d'un projet.

Transmettre par la formation aux futurs actifs agricoles

Le monde agricole français est donc au bord d'un grand changement de paradigme nécessaire à la fois pour l'environnement et les actifs professionnels. Quelle aubaine !
Les problèmes de transmission et les nouvelles chances de faire mieux se côtoient donc en même temps. Nous sommes à un moment charnière où nous devons faire le choix entre déléguer notre pouvoir alimentaire à des machines aux techniques High Tech qui centralisent les modes de production ou alors se réapproprier le domaine de la connaissance du vivant et s'engager dans la production de notre alimentation. Car il va en falloir des bras et des mains pour cultiver les terres et nourrir 68 millions de français**94. En 2017, j'ai remarqué qu'au Vietnam, les jeunes néo-citadins dévalorisaient et avaient perdu les savoirs pratiques de leurs parents et grands-parents qui bien souvent provenaient de familles rurales du centre du Vietnam. Les jeunes aspirent à travailler en anglais dans des hôtels luxueux et délaissent leurs terres agricoles revendues aux investisseurs de complexes commerciaux et de grands hôtels. Quelle drôle de réaction ils avaient lorsqu'ils me voyaient accroupie en train de repiquer des tomates en terre. Ils riaient et m'expliquaient que, selon eux, les « *étrangers occidentaux* » représentaient encore dans l'imaginaire collectif, une sorte de modèle de « *civilisation* » et que l'agriculture n'était pas vraiment valorisée et considérée comme moderne - d'ailleurs, ils ne voyaient jamais vraiment d'étrangers cultiver me rapporte un voisin de la ferme. J'étais tellement stupéfaite d'entendre cela, j'avais beau les prévenir que notre modèle était obsolète, qu'il arrivait à bout de souffle, continuait à paupériser les peuples et qu'il était responsable

d'un écocide planétaire dont eux aussi subissaient les conséquences, mais l'imaginaire collectif du monde occidental restait un exemple à suivre. Lorsque que l'APEC a eu lieu à Da Nang en Novembre 2017**[95], je me suis dit que finalement les USA avaient quelque part gagné leur guerre… une guerre économique.

Au même moment en France, une prise de conscience émergeait avec Claude et Lidia Bourguignon, Stéphane Linou, Pierre Rabhi, Pablo Servigne, Isabelle Delannoy, Alexandre Boisson et d'autres acteurs de la société pour nous aider à prendre conscience que nous sommes vulnérables et déconnectés. Que savons-nous faire aujourd'hui ? Quelle vision avons-nous de l'agriculture ? Quel est le chemin parcouru du sol à l'assiette ? Quel est le pouvoir de notre porte-monnaie qui s'étiole pour la majorité et se gonfle pour une poignée seulement ? Comment récupérer les savoirs pratiques ? Comment intégrer les avancées de la science et sa compréhension du vivant en dehors du champ de la recherche et des industries ? Comment transmettre ? Comment ramener à la vie les savoirs ancestraux des peuples premiers ? Le travail de reconnexion au vivant est le point de départ. Ensuite, il convient de comprendre et de faire la corrélation entre notre assiette pleine et la chaîne de production cachée derrière, même si votre assiette est locale et bio. Savoir quels ont été les efforts humains, quels sont les savoir-faire, les pratiques, les problèmes rencontrés, les sacrifices, les usures corporelles des gens qui sont derrière cette production. La transmission des savoirs pratiques et des savoirs scientifiques est d'une importance capitale pour passer le cap de la transition d'un monde dévitalisé à un monde vivant et régénéré. L'effort doit être simultané et porté par l'ensemble des citoyens, c-a-d à la fois chez les consommateurs, les producteurs, les financiers, les économistes, les politiques... Il s'agit là d'une noble tâche de cohérence collective et de coopération. La formation représente donc le moyen de contagion le plus puissant pour récupérer nos savoirs sur le vivant. Comprendre comment fonctionne une plante, le sol, l'eau, le climat et les relations qu'ils entretiennent entre eux, sont les premiers points à transmettre avant même d'apprendre à réaliser du profit à partir de cette ressource vivante. La viabilité économique est incontournable - *mais faudrait-il encore savoir quels sont les nouveaux indicateurs économiques pour former un critère de viabilité économique quand on change de modèle.*

« *Il y a une une planète à soigner, une économie à rénover, des indicateurs à réactualiser et une symbiose à créer avec le vivant. Alors soyons humbles et créatifs* »
C.B

PARTIE IV.
PRODUIRE EN RÉGÉNÉRANT & DE L'URGENCE DE DEVENIR PLUS SAGE

CHANGER DE PARADIGME ÉCONOMIQUE

L'économie symbiotique en France
Aujourd'hui, si nous souhaitons mettre dans la matière nos idées, nous devons agir avec conscience. La transmission des informations et la valorisation de ces informations feront l'économie de demain. L'accumulation de la connaissance et sa propagation sont des moyens de frapper fort pour former *les nouveaux actifs de notre société*. En modifiant les modes de production, nous modifions nécessairement un modèle économique tout entier ainsi qu'une société. Nous sommes dans une bonne temporalité pour *évoluer* et non *involuer* vers des techniques toujours plus déconnectées du vivant, centralisées et basées sur l'extraction.

Isabelle Delannoy, pionnière de l'économie symbiotique en France ** 96 explique que l'ensemble des acteurs est nécessaire pour accompagner ces changements structurels et profonds. Dans son ouvrage elle présente une analyse innovante des nouveaux modes de production et d'organisation économique ayant émergé ces cinquante dernières années. Ces derniers sont apparus de façon cohérente et non concertée dans le monde formant ainsi une nouvelle économie.

Un exemple remarquable est celui de l'Oregon, qui a déjà organisé de manière organique et symbiotique les activités humaines au cœur des cycles de notre planète (de la production agricole, aux modes de transport, aux activités urbaines) Portland est définitivement une ville durable et à faible impact. La moitié de son énergie provient de sources renouvelables et des efforts citoyens : un quart de la main-d'œuvre se déplace en vélo, en co-voiturage (Flex Cars) ou en transport en commun, son urbanisme minimise l'étalement, 35 bâtiments sont certifiés par le US Green Building Council, 67 % de tous les déchets sont compostés et traités localement, l'éthique du recyclage est répandue, et plus de 200 toits verts couvrent les bâtiments.

Avant-gardiste, cet état de l'Ouest couple la productivité à la régénération des écosystèmes et des liens sociaux, ces premiers indicateurs économiques forment ainsi ensemble une économie organique, symbiotique et vivante. Pourquoi pas la France ?

L'exemple de l'Oregon aux États-Unis **97: la *Smart growth strategy*98**

En Oregon au Nord-Ouest des États-Unis, l'économie symbiotique ne se labélise pas comme telle, mais elle est déjà installée depuis des dizaines d'années.

Dans les années 1970, alors que la plupart des élus américains rêvaient de centres commerciaux et de promotion d'un développement tourné vers l'automobile, Portland pensait déjà écologie. Les développements écologiques et le contrôle rigoureux de la planification de l'utilisation des terres (équivalent de nos Scot et PLU en France) sont en grande partie le résultat des politiques de conservation des terres de l'État adoptées sous le gouverneur républicain Tom McCall.

En 1966, une législation connue sous le nom de « Beach Bill » accordait au gouvernement de l'État le pouvoir de garder le contrôle des plages de l'Oregon, protégeant ainsi 480 kilomètres de front de mer des aménagements privés. En 1971, le «Bottle Bill» a lancé la première loi nationale sur le dépôt obligatoire des bouteilles. En 1974, l'autoroute Harbour Drive, qui avait divisé la ville en deux parties, a été fermée et démolie pour être remplacée par le parc Tom McCall Waterfront, ouvrant ainsi le front de mer aux piétons. À la fin des années 60, le gouverneur McCall a mis toutes les communautés de l'Oregon au défi d'établir des ceintures vertes sans construction pour limiter l'étalement et concentrer les nouveaux développements autour des centres de transport en commun. La frontière de croissance urbaine de Portland, adoptée en 1979 et révisable tous les 20 ans, en a fait la première ville compacte des États-Unis.

Depuis Tom McCall, les politiciens et les planificateurs sont restés fidèles aux stratégies vertes et ont continué à travailler sur la stratégie Smart Growth de Portland, en favorisant les quartiers compacts avec différents types de maisons, de magasins, de lieux de travail, d'écoles, d'arbres adaptés aux piétons et aux cyclistes, des rues pavées, valorisant les ressources naturelles et culturelles et promouvant la santé publique.

Depuis 1970, la population de la ville a augmenté de 60 %, tandis qu'entre 1990 et 2008, sa zone urbanisée n'a augmenté que de 11 % et les émissions de CO_2 ont diminué de 19 %. À cet égard, le quartier Pearl, ancien entrepôt et zone industrielle aujourd'hui reconnu internationalement comme un modèle de renouvellement urbain responsable, a suivi la ligne de la stratégie Smart Growth. Depuis la fin des années 90, de nouveaux bâtiments en bois et en verre, dont 30 % sont des logements sociaux, ont été construits dans les espaces entre la collection d'anciens entrepôts maintenant convertis en lofts, bureaux et magasins. Berceau du Tanner Spring Park, le quartier de Pearl est aujourd'hui un quartier résidentiel de 24 heures à usage mixte qui reflète le « quartier de 20 minutes ». Les résidents peuvent accéder à toutes sortes de lieux et de services à pied ou à vélo en moins de 20 minutes, une stratégie que Portland veut apporter à tous ses quartiers. Le quartier de Pearl est une excellente preuve qu'une qualité de vie élevée, riche en culture et en diversité peut provenir d'un terrain vague. Portland a d'abord doublé la taille de son réseau de bus, tous alimentés au biocarburant, avant d'être la première ville américaine à adopter un nouveau système de tramway en 2001. Les entreprises locales et les parkings ont principalement financé le coût du projet, qui s'est élevé à 70 millions d'euros. La ville offre une Free Rail Zone (anciennement appelée Fareless Square) englobant la majeure partie du centre-ville de Portland, dans laquelle les bus et les tramways sont gratuits et l'accès automobile limité. Depuis 2005, l'Université de la santé et des sciences de l'Oregon accorde une prime annuelle de 50 $ à ses employés qui se rendent au travail à vélo ou à pied. En plus de l'argent liquide - qui joue un rôle important dans la motivation des gens -, ils fournissent également un parking à vélo sécurisé, des douches, un accès à des outils et des cartes d'itinéraire gratuites. Les investissements publics dans la mobilité et les infrastructures sont également complétés par des organisations non gouvernementales comme le Community Citing Centre, qui fournit gratuitement des vélos aux citoyens à faible revenus ainsi qu'une formation à la réparation de vélos et à la sécurité routière. Grâce à ces actions, les citoyens de Portland conduisent déjà 20 % de moins en voiture que leurs pairs dans des villes de taille comparable. Portland, innovant également en terme de systèmes de drainage urbains durables, a développé un programme de gestion des eaux pluviales de renommée mondiale, opérationnel depuis le début des années 1990, pour éviter les inondations d'égouts, réduire les polluants dans les eaux de pluie et protéger et améliorer la qualité des eaux souterraines. Le plan de gestion durable des eaux pluviales vise à minimiser les surfaces imperméables en mettant en œuvre une conception durable dans des infrastructures et des paysages nouveaux et rénovés, y compris la communication, l'éducation, l'écologisation communautaire pour rendre la ville plus attrayante. Les stratégies vont d'un simple tonneau au fond d'un tuyau de descente dans des parcelles privées à des systèmes innovants de collecte des eaux de pluie tels que les toits verts, les jardins sur les toits, les tampons, les marais biologiques, le pavage perméable et les systèmes d'eaux pluviales séparés avec plusieurs réservoirs, pompes et commandes.

Mieux vaut allumer sa petite bougie que de maudire les ténèbres (Lao Tseu)

Si nous évoluons vers un modèle aussi sain que celui de l'Oregon, nous devons impérativement coopérer. L'ensemble de la sphère sociale doit s'impliquer et cela passe par la transmission d'information, la formation et la mise en œuvre d'outils de transition. *En luttant les uns contre les autres, on renforce souvent ce contre quoi on lutte.*
Politiques, industriels, consommateurs, citoyens, militants, écolos, gilets jaunes, gauchistes, droitistes, les banques…l'heure de la division doit prendre fin. Derrière chaque organisation il y a des humains. La direction commune touche l'ensemble indivisible, non séparé. En touchant l'humain derrière l'organisation, je touche la structure instituée. L'autre n'est pas mieux que moi, ni différent de moi. Pourtant la « méga machine » comme le mentionne Vincent Verzat, doit prendre fin. Pour cela, ces organisations ont deux choix : couler avec le temps car elles se démoderont vite face aux innovations citoyennes ou participer à l'effort collectif, intégrer le changement et devenir cohérentes dans leurs actions – sans *greenwashing*, à petite échelle, locale, résiliente, régénératrice, viable économiquement et revivifiante pour le tissu social. « *Money talks, bullshit walks* », célèbre proverbe anglophone, il veut dire que seules les actions font foi et que les paroles ne sont rien. Une célèbre banque m'a proposé d'augmenter ma visibilité en étant l'invitée d'une chaîne podcast destinée à l'usage interne afin d'influencer ses partenaires, mais aussi à l'usage externe, soit pour le tout public.

L'objectif était de partager mon expérience et d'inspirer les entrepreneurs de cette banque. De prime abord, si je ne fonctionnais qu'avec mon Ego, je serais tombée dans le panneau si tentant d'être parmi les influenceuses d'une génération et de devenir « crédible » à leurs yeux. Cela étant, mes poils se sont hérissés quand en plus j'apprends que cette prestation, donc mon temps donné pour cette tâche, n'allait pas être valorisé économiquement, ni aide, ni geste hormis une visibilité. La belle aubaine ! Venir me démarcher pour que je parle du vivant, de transition, de régénération et de modèle économique vertueux, sans même incarner par le geste ce qui est prôné.

J'avais donc deux solutions : la solution liée à l'émotion et ainsi claquer la porte au nez. Ou alors, la solution *juste*. C'est à dire me détacher de mon affect, prendre du recul, apprécier le premier geste de l'autre (me contacter), analyser la situation, c-a-d, voir comment elle peut devenir avantageuse pour le collectif et aller plus loin en proposant quelque chose d'autre.

J'ai la sensation dans mon ventre qu'il y a là une opportunité de créer des passerelles et des ponts entre des mondes qui se divisent, et qu'il est désormais possible d'unifier ces acteurs sociaux – enfin d'essayer en tout cas…

J'ai donc parlé des travaux d'Isabelle De Lannoy à mon interlocuteur. Puis j'ai informé à Isabelle De Lannoy de ce plan. L'idée consistait à réunir deux acteurs qui avaient besoin l'un de l'autre. Qui mieux que les banques pour intégrer la recherche et l'évaluation de nouveaux indicateurs économiques pour incarner le changement ? Qui mieux qu'Isabelle De Lannoy pour l'économie symbiotique ?

J'ai donc profité de la situation pour planter des graines de collaboration entre deux personnes humaines d'abord, puis dessiné une esquisse de passerelle entre chaque organisation. Concrètement, si la banque devient un financeur des travaux de recherches sur les indicateurs économiques de l'économie symbiotique, alors on est cool. L'un répare ses actions peu glorieuses en s'engageant

concrètement, réellement et financièrement avec ceux qui proposent d'autres modèles et qui ont besoin d'experts dans le domaine économique pour calculer, mesurer, ajuster, valider, tester…
À ce jour, la graine vient seulement d'être plantée, l'avenir nous dira si les intentions de ces banques se traduiront en actions.

LE MONDE INVISIBLE

« Produire en régénérant devrait être la première règlementation économique » C.B.

Un monde invisible : les micro-organismes

Lorsque l'on éteint son poste radio les ondes hertziennes existent toujours. Ce n'est pas parce que l'on ne peut pas percevoir quelque chose que cela n'existe pas.

Notre système visuel est loin d'être celui qui perçoit le mieux notre environnement. Rappelons que notre réalité est reconstituée à partir de la perception de stimuli externes (longueurs d'ondes) captés par notre œil (organe perceptif), puis elle est retranscrite en message chimique et électrique dans notre cerveau. Ensuite, tout un ensemble de réseaux neuronaux (câblages bioélectriques) s'activent et prennent en charge le sens, l'étiquette, la case et construisent notre réalité en permanence. Pour mettre un sens sur ce que nos yeux perçoivent, nous faisons donc appel aux capacités cognitives supérieures de notre cerveau (langage, mémoire, schèmes de pensées, systèmes de croyances…). Nos yeux disposent seulement de 3 types de cellules photo-réceptrices pour percevoir l'extérieur (les cônes, les bâtonnets et les cellules ganglionnaires photosensibles). Ces dernières sont désignées, calibrées et définies par notre ADN et ne sont sensibles qu'à certaines longueurs d'ondes (de 280 nm à 760 nm) et à certaines fréquences (de 350 Hz à 750 Hz). Dans le domaine visuel, les ondes électromagnétiques ou ondes lumineuses sont mesurables en nanomètres (nm) et correspondent à des fréquences (Hz) très élevées (environ 1 milliards d'oscillations par secondes).

Longueur d'onde (dans le vide)	Domaine	Fréquence
supérieure à 10 m	radio	inférieure à 30 MHz
de 30 cm à 1 mm	micro-onde (Wi-Fi, téléphones portables, radar, etc.)	de 1 GHz à 300 GHz
de 500 µm à 780 nm	infrarouge norme NF/en 1836	de 0,5 THz à 350 THz
de 780 nm à 380 nm	lumière visible	de 350 THz à 750 THz
de 380 nm à 10 nm	ultraviolet	de 750 THz à 30 PHz
de 10 nm à 10 pm	rayon X	de 30 PHz à 30 EHz
inférieure à 10 pm	rayon γ	supérieure à 30 EHz

Figure 1 : Exemple de rayonnement (Wikipédia)

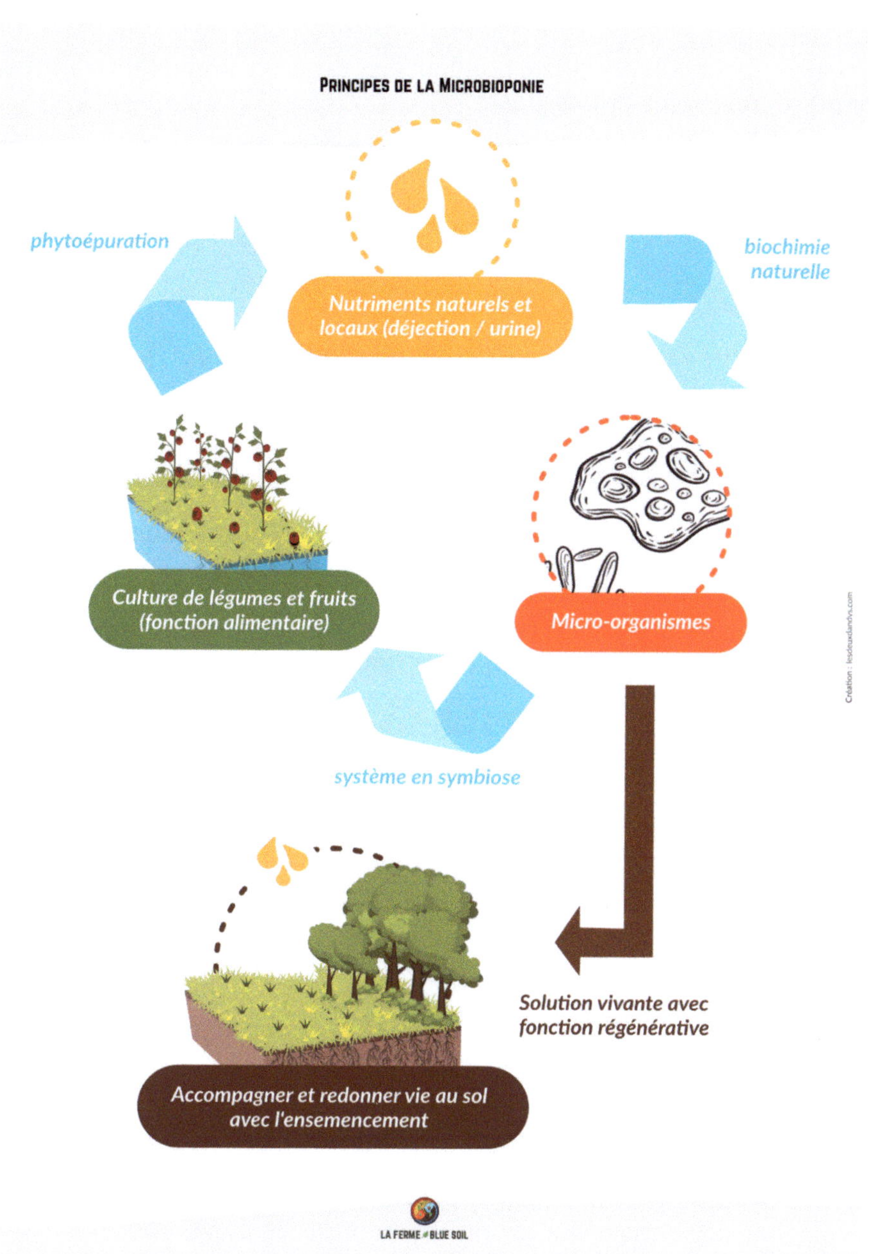

Le monde invisible de la microbioponie

Chacune de ces longueurs d'ondes éveille en nous une sensation de couleur. Les couleurs correspondent aux diverses longueurs d'ondes (nm) représentées ci-dessous :

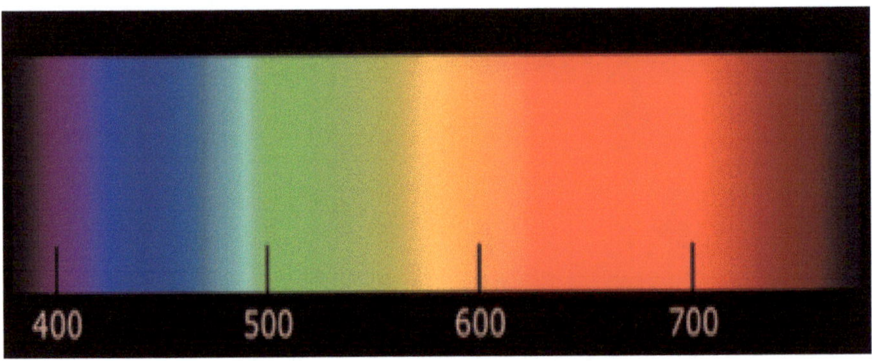

Figure 2 : Les couleurs de l'arc-en-ciel et leurs longueurs d'ondes en nm. (Université de Lyon 1)

Les longueurs d'ondes (Hertz) sont en quelque sorte le spectre des couleurs, par exemple le bleu est d'une longueur de 435.8 nm et le jaune de 579 nm.

Dans la nature, il existe des espèces capables de percevoir au-delà de nos capacités. La squille **99, une crevette multicolore qui facine les chercheurs du biomimétisme, possède les yeux les plus complexes au monde. Contrairement à nous, elle possède un très grand nombre de cellules photoréceptrices (plus de 12) pour percevoir le monde qui l'entoure. Les squilles perçoivent un large spectre de couleurs, les ultra-violets et même les lumières polarisées. C'est-à-dire qu'elles perçoivent au-delà de la lumière visible par l'humain, soit au-delà de 780 nm et de 380 nm ainsi que 350 et 750 Hz. Comment imaginer et comprendre ce qu'elles perçoivent ? À quoi ressemble leur monde ?

Je ne suis pas là pour faire un exposé sur la squille ni même sur la perception visuelle, mais j'ai pris volontairement cet exemple pour parler d'une *posture intérieure* dans laquelle j'aime me mettre quand il s'agit de comprendre ce que je ne vois pas. Cela me permet de lâcher prise avec ma propre perception et d'accorder à l'autre qu'il perçoit autrement que moi, que ma vision ou la sienne sont toutes des réalités concourantes – les deux perceptions sont vraies.

Ce que je ne vois pas, existe

Avant d'avoir mon microscope, je parcourrais les manuels, les diverses pistes et sources qui m'étaient accessibles pour me représenter ce monde sous-terrain. L'univers de ces micro-organismes provoquait en moi à la fois de la curiosité et de la peur car je ne le percevais pas. À l'époque, la seule manière de percevoir ces micro-organismes était de constater les conséquences de leurs activités à travers mes observations sur les plantes (carence, couleur, allure, port des feuilles, comportement, résistance aux maladies...) et sur le sol (structures, couleur, odeur...). Le microscope m'est devenu accessible plus tard pour découvrir ce monde merveilleux. Nos yeux ne peuvent certes pas les percevoir, mais nous pouvons apprendre à les « écouter » ou à les « percevoir » à travers différentes stratégies indirectes. De manière générale, le point de départ est de connaître les différents micro-organismes, de sélectionner ceux qui sont bénéfiques de ceux qui ne le sont pas, puis de connaître leurs habitudes, c'est-à-dire, ce qu'ils aiment et n'aiment pas, leurs conditions de vie... Cette connaissance est accessible à tous en faisant des recherches sur internet, dans les bases de données scientifiques et avec des spécialistes.
L'influence intellectuelle de l'école pasteurienne et la peur que mes parents avaient des maladies en voyageant en Afrique ont été le cadre de référence dans lequel j'ai grandi.
D'antibiotiques aux antifongiques puis aux traitements préventifs, mon corps a testé le déséquilibre et ses effets néfastes – je fais référence à mon infection au Candida Albicans, qui résultait d'un pH trop acide et d'un *excès* d'antibiotique dans mon corps. (*Attention, je parle d'excès, l'utilisation d'antibiotique est importante dans certains cas – ne pas généraliser*). J'ai ainsi appris toute ma vie à me méfier des micro-organismes sans réellement prendre conscience qu'il n'y avait pas uniquement que des mauvais micro-organismes mais que d'autres pouvaient aussi être bénéfiques pour moi, ma santé et aussi pour le sol. La première règle que j'ai apprise sur *le monde invisible bénéfique* était qu'il fallait du mouvement, de l'oxygène et un pH alcalin pour développer les micro-organismes alliés.

Je suis partie d'une démarche empirique et expérimentale pour modéliser. Avant de pouvoir repérer un micro-organisme (m.o) sous le microscope, il m'a fallu développer ces stratégies pour affirmer ou infirmer leur présence grâce à des indicateurs visuels que je pouvais percevoir à l'œil nu (mesures indirectes, tests d'eau, observation des plantes, du sol…). J'ai ainsi regroupé *les indicateurs indirects* qui pouvaient m'indiquer la présence ou l'absence de leurs activités de manière répétitive, robuste et stable dans le temps. Cela me permettait d'affirmer ainsi la présence ou l'absence d'un certains groupes de m.o ou d'autres groupes. Un peu comme des meilleurs amis dont on connait les habitudes, les micro-organismes deviennent autant familiers que mes parents ou mes amis.

Avant d'en arriver au ver de terre, il y a donc tout un monde invisible dont le premier maillon est la bactérie. Cette chaîne alimentaire du sol représente tout un univers qui réside sous nos pieds. Nous pouvons capter et observer l'invisible lorsqu'on reste à l'écoute du vivant et grâce à des indicateurs indirects (signes anaérobie, couleur, forme, carence, tests d'eau…). En construisant ces ponts entre le sens de l'observation et les savoirs scientifiques, la découverte de ce monde invisible devient tangible et nous permet de mettre du sens sur ce que nous faisons chaque jour en terre. Dans ma pratique agricole quotidienne, je suis donc *l'outil pour percevoir* l'état du sol et des écosystèmes tout autant que l'est le microscope qui me confirme ce que je ne vois pas directement.

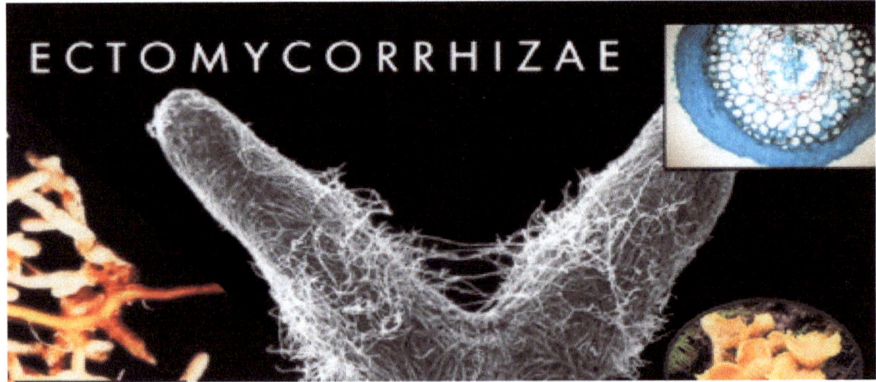

Photo 1 : Ectomycorhize au microscope (Source : Peter Mc Coy, International Regnerative Soil Summit, 2021).

Photo 2 : Libération des exsudats racinaires (Source : International Régénérative Soil Summit, 2021)

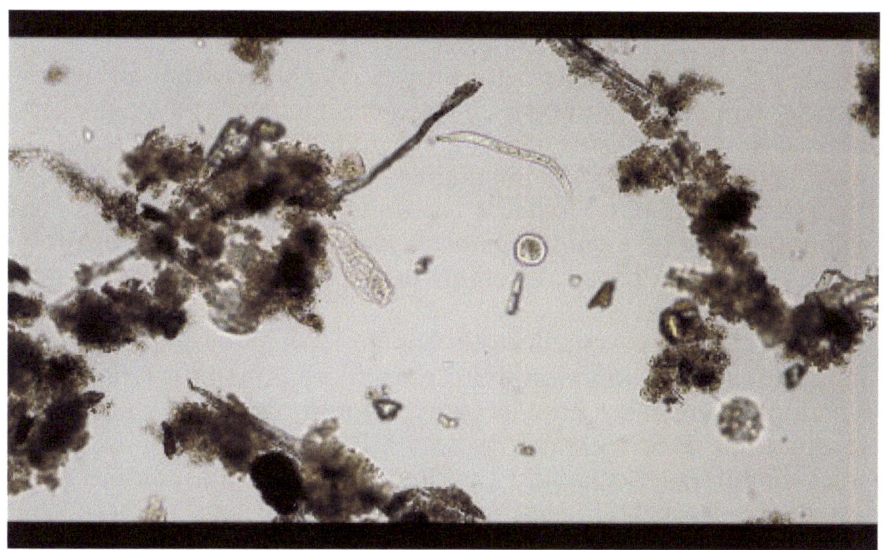

Photo 3 : Ciliates et nématodes au microscope (Source : International Regenerative Soil Summit, 2021)

LES PREMIERS SPÉCIALISTES DES ÉCOSYSTÈMES : LES PEUPLES PREMIERS

« Cette partie est dédiée à l'ensemble des peuples premiers que j'ai pu côtoyer, croiser sur ma route ou pu entendre parler d'eux, depuis mon enfance et jusqu'à maintenant. À tous ceux et celles qui ont éclairé mes observations du vivant et réveillé ma conscience : les Touaregs du Niger, les Amérindiens descendants de différentes tribus du Séminole Tribe de Floride, les Chortis de Honduras, les Arhuacos et les Kogis de Colombie, les Chams et Ha Mong du Vietnam, les moines bouddhistes fondateurs et enseignants de la méditation Vipassana en Birmanie, les hindouistes et les animistes de l'île de Bali en Indonésie » C.B.

La Terre est un macro-être-humain : l'infiniment petit et l'infiniment grand

Dans notre société au rythme accéléré, nous avons oublié que tout respire et que tout est cycle. Du cycle circadien, au cycle des saisons, du climat, aux cycles biogéochimiques, aux cycles de la lune, nous faisons partie d'un grand ensemble biologique vivant où résident de multiples interactions enchevêtrées.

Les études sur les troubles du sommeil **100 montrent qu'un seul dérèglement entraîne une cascade de dérèglements physiologiques dans notre corps et peuvent aboutir à de graves conséquences pour notre santé (troubles alimentaires, diabète, équilibre mental, thyroïde, hormones, maladie cardiovasculaire, mort). Je fais volontairement de l'*anthropomorphisme* pour illustrer à quel point nous ne sommes pas si différents des écosystèmes qui sont notre maison commune.

Nous ne laissons actuellement aucun répit à la planète et lui demandons de toujours produire plus en continuant à ignorer son fonctionnement et ses besoins (se reposer, se régénérer, s'alimenter, se reproduire et rester en bonne santé). La planète n'est donc pas un objet manufacturé, mais un gros organisme vivant, comme nous. Les micro-organismes sont ceux qui œuvrent dans l'ombre pour notre équilibre alors que nous avons œuvré à l'inverse. Apprendre les règles de la nature ne devrait donc pas être si difficile lorsqu'on apprend naturellement les règles pour vivre en société, ou lorsqu'on prend connaissance d'un règlement intérieur pour fonctionner dans une entreprise. Alors pourquoi nos modes de production, notre société, notre économie, n'apprennent-ils pas le règlement extérieur de la nature ?

La planète est *une personne* qu'il faut écouter et protéger car c'est elle qui est le garant de notre survie en produisant de belles récoltes naturelles, de la bonne viande avec des animaux en bonne santé, de l'eau fraîche non contaminée par des polluants, des minéraux…Il est urgent de vivre en paix ensemble car tout ce qui compose notre planète se retrouve dans nos assiettes et dans notre corps humain. Nous sommes faits des mêmes éléments que ceux de notre Terre (eau, oxygène, minéraux, ions, E.C…). Le fonctionnement du corps humain est donc identique à celui de la Terre. Comme pour nous, il y a donc des règles spécifiques à connaître pour vivre en harmonie avec la Terre et éviter les maladies et les autres déséquilibres. La nature est un livre, tout y est écrit. En dévastant notre environnement par l'extraction, nous perdons ainsi la *mémoire commune* de son fonctionnement. C'est-à-dire ses règles, ses processus, ses fonctions. Nous effaçons ainsi le savoir alors que nous devrions être les connaisseurs et les transmetteurs du fonctionnement des plantes, des arbres, de l'eau, du sol, des animaux…Aujourd'hui, la nature est malade de notre civilisation, pourtant, je reste persuadée qu'ensemble nous pouvons la régénérer dans un effort collectif. En continuant d'exploiter la Terre, nous enlevons non seulement la *dimension vivante* de notre maison commune mais éteignons aussi la dimension vivante de notre espèce humaine. Notre état de santé est le reflet de notre environnement. Comme si nous étions supérieurs aux règles biologiques ou non concernés . La *mémoire commune* peut revenir en récupérant notre connaissance, en retrouvant notre humilité et en ayant conscience que le biologique est synonyme de « vivant » (Je vous invite à regarder la définition de la biologie). Cette connaissance n'est pas seulement réservée aux scientifiques, aux professeurs ou aux peuples premiers, mais elle concerne l'ensemble des êtres vivants qui peuplent cette Terre. Chacun est responsable. Si nul n'est censé ignorer la loi, je pense que nul n'est censé ignorer son propre fonctionnement (celui de son corps, de sa métacognition) ni même celui de son environnement. Or nous sommes actuellement déconnectés.

Il n'est jamais trop tard pour retrouver cette mémoire, cette conscience et cela commence par renouer avec le reste de l'humanité et le reste des autres êtres vivants (plantes, arbres, animaux, minéraux…). Je vous invite à découvrir les Arhuacos **101 de la Sierra Nevada de Santa Marta, peuple premier avec lequel je suis en lien direct et où ensemble, construisons des ponts entre nos mondes. Je vous invite aussi à regarder le documentaire écrit et réalisé par Éric Julien sur les Kogis **102 et qui a été fait à la mémoire de *Gentil Cruz Patino*, torturé et assassiné par les paramilitaires en Colombie en Février 2005.

Les arbres sont les macro-neurones de la Terre

Dans mon éducation, la démarche expérimentale est un outil méthodologique servant à modéliser *un pattern*. Je fais cependant l'inverse et pars de « *l'empirique et de l'observable* » pour « modéliser ». En d'autres termes, je suis partie du terrain pour en arriver au modèle en incluant la littérature scientifique.

Lorsque j'ai étudié le fonctionnement cérébral à l'université, je n'ai pas pu m'empêcher de faire le parallèle entre le fonctionnement de la nature et celui de l'humain. Si nous fonctionnons d'une certaine manière à l'échelle microscopique, la nature ou la Terre et ses processus fonctionnent de façon similaire, mais à l'échelle macroscopique. La planète n'est donc pas un objet manufacturé mais un organisme vivant similaire au notre sollicitant les mêmes besoins. Nous avons seulement une autre échelle de grandeur et une autre échelle de temps. Un exemple : La transmission d'un message dans le cerveau humain se fait en millisecondes par l'intermédiaire de plusieurs éléments : des neurones, des potentiels d'action et une suite de réactions chimiques. Un potentiel d'action est une réaction électrique assurant le transport d'un message électrique puis chimique entre deux neurones. La différence entre deux potentiels électriques, crée ainsi un potentiel d'action. Tout comme l'humain, qui est doté d'un cerveau et d'intestins possédant des neurones et un microbiote intestinal pour distribuer les messages et les nutriments à notre corps, le sol de notre planète est à la fois un cerveau et un intestin, doté de *macro-neurones* (arbres, plantes) assurant une transmission par « *potentiels d'action* » pour porter des *messages électriques et chimiques* et d'un *microbiote végétal* (micro-organismes) pour assurer la distribution de nutriments aux plantes. J'ai sélectionné quelques représentations de neurones et d'arbres afin de vous partager ma vision (ci-dessous). On parle de wifi du sol avec les mycorhizes, je préfère parler de *circuits neuronaux terrestres.*

Figure 3 : Plantes et arbres : système racinaire et partie foliaire ⁕⁕103

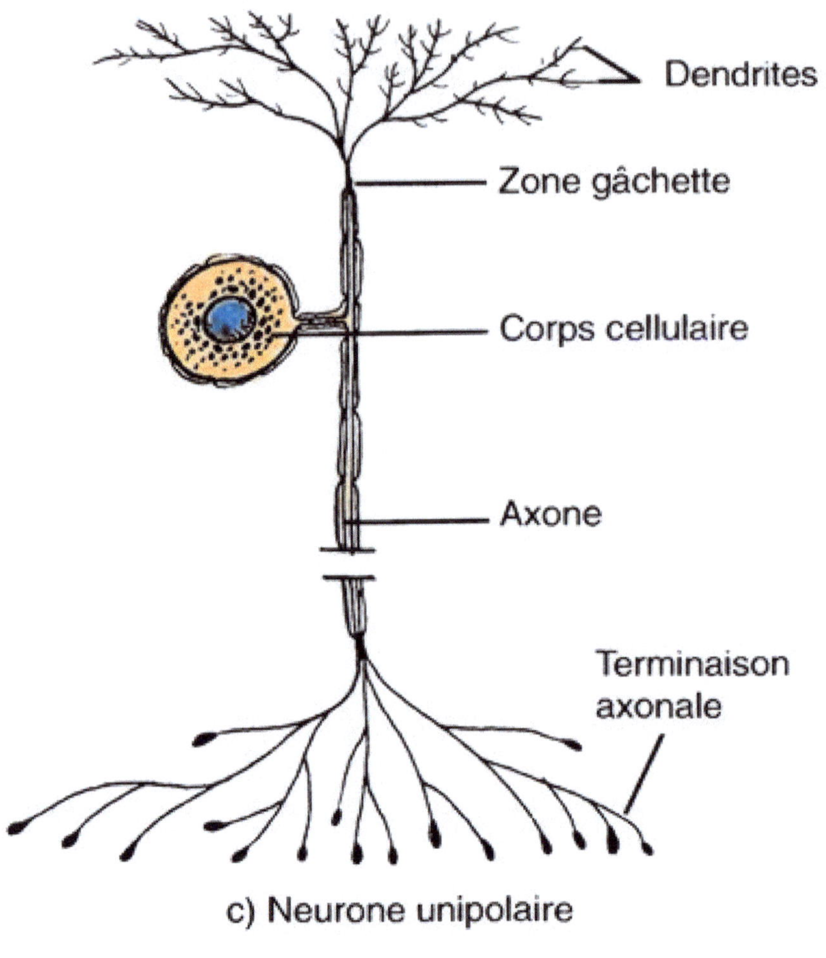

*Figure 4 : Neurone Unipolaire du cerveau humain**104*

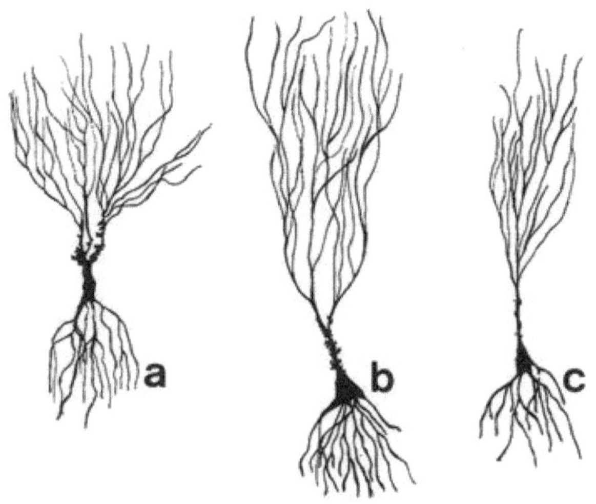

Figure 5 : Neurone du cortex cérébral : Cellules pyramidales
****105**

Si nos neurones transportent des messages chimiques et électriques, les arbres **106 en font donc de même. Certaines études Chinoises **107 publiées dans le « *Journal of renewable and sustainable energy* », montrent qu'il existe une différence de potentiel électrique entre le phloème d'un arbre vivant et le sol environnant. D'autres études datant de 1998 (Fromm,J ; & Fei b,H. 1998) prennent les signaux électriques pour mesurer la régulation des échanges gazeux des arbres. Il existe une *bioélectricité commune* à l'humain et à la nature. Celle-ci se traduit par des différences de potentiels, créant ainsi chez les humains le potentiel d'action (100mV) (et le potentiel de repos du neurone, -70mV) et des différences de potentiels chez les arbres qui sont de l'ordre de 50 à 200mV.

Tout ce qui vit est traversé par un flux électrique.

Le sol est un macro-endomètre ou un macro-intestin

Le sol lui aussi à sa propre bioélectricité. L'**EC** (électro-conductivité ou conductivité électromagnétique) permet de faire le suivi de l'activité alimentaire des plantes, c'est-à-dire, de mesurer leur consommation en eau et en nutriments. Si l'**EC** baisse, la plante consomme les nutriments plus vite que l'eau et inversement, si l'**EC** monte en valeur. Bien souvent l'EC est mesurée en milli-Siemens (mS) ou en Part Per Millions (ppm). Dans la culture en terre les valeurs de l'**EC** servent donc d'indicateurs de la santé du sol et des plantes (stress hydrique, consommation NPK…).**108

Hans Jenny, le père fondateur de la science du sol définit la terre comme un organisme vivant composé de minéraux (sable, limon, argile), de matière organique et de micro-organismes. Si la terre ne possède pas l'ensemble de ces trois paramètres, alors il ne s'agit pas de sol. Dans les années 60, la Révolution Verte et sa pléthore de scientifiques ont préféré prendre une définition plus simpliste du sol et le traiter comme une *matière inerte* constituée seulement de minéraux. Heureusement que certains scientifiques autour du monde se sont battus pour la préservation de nos sols : Le Dr Hans Jenny (1899-1992) premier pédologue Suisse-américain, le Dr Elaine Ingham, l'auteur Didi Pershouse aux États-Unis, et enfin les anciens chercheurs de l'INRA Claude et Lidia Bourguignon **109 qui ont été les « *démineurs* » français à ce sujet et qui sont aujourd'hui toujours victimes d'ostracisme scientifique pour des raisons que j'ignore. Quel drôle de monde de ne pas vouloir considérer le vivant comme tel et vouloir continuer les logiques en silo et extractive ! Pourtant économie et respect du vivant ne sont pas antagonistes comme nous l'avons vu dans les études de cas mentionnées au chapitre « Oser changer de paradigme agricole ».

J'aime considérer le sol comme un *microbiote intestinal* car finalement, mon infection au Candida Albicans n'a été qu'un vaste effet miroir de ce que les sols du monde vivent actuellement.

Quand j'étais enfant, mes parents me disaient qu'il fallait planter une graine dans le sol pour que la plante pousse, puis plus tard, ils ont aussi souvent utilisé l'allégorie de planter une graine dans la terre pour m'expliquer la sexualité. Alors je compare aussi le sol à un *endomètre* dans lequel nous plantons des graines pour y donner la vie. L'endomètre est la muqueuse de l'utérus des femmes.

Ce tissu s'épaissit et devient richement vascularisé afin d'y accueillir un embryon pour la nidification à chaque cycle menstruel. Quelle fabuleuse ingénierie ! Hélas, l'infertilité est croissante chez les femmes du monde entier. Pour moi, ce phénomène fait écho avec l'infertilité des sols dans le monde. Les terres arables diminuent, les semis ne prennent plus, ou alors il faut perfuser les sols avec des engrais et des phytos. De même pour les femmes qui sont perfusées aux injections d'hormones pour tomber enceintes. Le cycle de la vie est rompu. Pour ma part, je fais partie de ces femmes dont la fertilité me boude. Cependant, je garde l'espoir un jour que ce fabuleux cycle de la vie reprenne.

Claude Bourguignon a souvent fait le comparatif femmes / sols, je lui donne raison sur toute la ligne et je le remercie de toujours maintenir son positionnement vis-à-vis du vivant.
Si un sol, un intestin ou un endomètre ne sont plus en capacité de nidifier, aucune graine, aucune étincelle de vie émanera alors de ces endroits prévus par la nature pour perpétuer la vie. Simple à comprendre et bon sens naturel, il ne faut pas sortir de l'École des Mines pour observer ce qui est observable et sous nos yeux. La nature est créatrice de vie et de diversité. Si nous ne comprenons pas ses règlementations, ses fonctions, nous échouerons à perpétuer notre propre espèce ainsi que les autres.

L'objectif du Vivant est de perpétuer la vie, pas de la détruire. Tout commence avec le sol comme la vie humaine avec l'endomètre.

L'eau est le sang de la Terre

De l'eau sort la vie. Premier élément déclencheur d'une cascade vitale, cet élément est vénéré depuis des millénaires par l'ensemble des peuples premiers qui ont vécu et vivent encore sur notre Terre.
Une eau en bonne santé continuera d'irriguer de son flux vital l'ensemble des êtres vivants de la Terre. Cependant, si l'eau vient à stagner, que son mouvement est arrêté ou pollué, alors elle tuera chaque être vivant avec des maladies.
Par ailleurs, si l'eau d'un corps disparaît ou n'est pas en quantité nécessaire, alors l'être vivant devient malade, voire meurt. Pour beaucoup de peuples premiers, l'eau représente la circulation, la santé, l'étincelle de vie. Selon le mythe de la création en vigueur au Vietnam, tous les Vietnamiens et Vietnamiennes sont les descendants d'un dragon et d'une nymphe des montagnes. Le Dragon (*Rồng*) apporte la pluie, il représente la puissance de vie, la puissance de la nation par la puissance agricole et celle des récoltes. Chez les Kogis de Colombie, les offrandes (coquillage, coraux) sont des objets fonctionnels permettant de toujours se souvenir que le cycle de l'eau est important au quotidien. Les activités humaines étant très prenantes (commerces, évènements, voyages), ces rituels leurs assurent une mémoire en établissant une pratique quotidienne des bons gestes. Ils créent ainsi des routines automatiques (comme nous, lorsque nous lavons nos dents matin et soir) afin d'ancrer dans leur quotidien des comportements impeccables et respectueux de leur environnement. Contrairement à nous (industrialisés), qui avons oublié que l'eau potable n'est pas un dû et dans laquelle nous continuons à déféquer chaque jour, comme si c'était la norme dans le monde – Non cela n'est pas la norme, ni symbole de progrès.
Lorsque je côtoyais certains peuples premiers, je ne comprenais pas l'aspect du rituel, ni même la fonction. Comme certains vont à l'église pour se rappeler d'aider son prochain, ou que d'autres vont au temple pour se remémorer chaque mois l'importance du cycle de la lune qui créé les marées, j'ai compris que les rituels posent du sens. Ces derniers émanent de la fonction biologique d'un élément et de son rôle dans la chaîne du vivant. Le rituel maintient donc la mémoire dans chacune des actions et activités journalières des êtres-humains.

Ainsi, il devient possible de commercer tout en se rappelant que la mer est un être vivant dont on ne peut pas puiser l'intégralité des ressources (les poissons) car il y a les autres espèces marines qui ont elles aussi besoin de ces ressources pour se nourrir et perpétuer les cycles de vie. La mer est selon eux, le Grand Esprit créateur, mère de toutes les eaux, terres, air et feu, mère de l'économie. Je trouve cela assez consistant lorsqu'on étudie les boucles climatiques et que l'on comprend comment les océans et mers maintiennent la stabilité de notre climat : les précipitations (eau), les anticyclones (soleil-feu), la fertilisation des sols (terre) et protègent les terres des vents trop forts en maintenant des équilibres fragiles (ouragans, Gulfstream - air). Dans le peuple Kogis, le coquillage est un symbole du cycle de la vie, car il rappel que ces derniers contiennent beaucoup de minéraux et qu'avant de devenir des coquillages, un long chemin naturel a été effectué pour assembler ces minéraux sous cette forme. Ils rappellent également que les minéraux sont la source de la richesse d'un sol fertile.

A Bali, j'ai eu l'occasion de vivre le *Melukat*. Ce rituel Balinais hindou permettrait de purifier, d'éliminer ou de neutraliser les "*klesa*" ou impuretés qui existent dans les êtres humains. Les *klesa* consistent en 5 types de conditions impures qui sont : *Awidya* : la noirceur de l'âme causée par la fierté, Asmila pour l'égoïsme, Raga pour la luxure, Dwesa qui implique la haine et la vengeance et Abhiniswesa pour la peur. *« Si ces 5 choses existent et dominent une personne celle-ci tombera dans l'obscurité et sera tentée de ne pas bien se comporter »* disent les Sages. C'est donc par son but de retrouver l'équilibre que le *Melukat* peut être fait universellement sans regarder les origines, les classes sociales ou les religions des participants au rituel. *« Le chagrin, la dépression, l'anxiété, l'orgueil et la peur peuvent avoir de mauvais effets si une personne permet de telles énergies de s'immiscer dans son esprit »* me disait la personne en charge de moi. *« En Occident on visiterait un psychologue pour se soulager de tels maux, mais à Bali la façon de s'occuper de ces problèmes est de faire cette purification par l'eau »* me disait mon ami Tri, homme-médecine balinais. Pour revenir à des domaines plus classiques et de sciences appliquées, j'utilise l'eau comme un *super liquide amniotique* dans la plupart de mes protocoles. L'eau est conductrice d'électricité et ce rôle est primordial dans la culture de plantes en eau.

L'eau, en portant en elle les éléments nutritifs chargés électriquement par des charges positives et négatives (NO3-, K+…), distribue à la fois nutriments (engrais naturels) et micro-organismes aux racines des plantes.

Dans mes systèmes de cultures, l'organe vital transporteur de vie est ainsi l'eau. Fonctionnant comme un système sanguin transportant oxygène, nutriments, micro-organismes et bioélectricité. Je veille à respecter les paramètres vitaux de l'eau pour qu'elle reste en bonne santé et bénéfique pour la production des micro-organismes et des plantes. Si jamais je venais à changer l'eau ou à la renouveler, je perds ainsi l'ensemble des propriétés du système, qui reviendrait à zéro.

L'eau est source de vie, préservons la pour notre survie
(Monique Moreau)

De l'humilité et réapprendre nos savoirs oubliés

Dans son livre *The Ecology of care*, Didi Perhouse écrit « *The solutions are there. Sometimes it's just hard to see them. That's because the solutions- to the problems we have created in our profit-driven industrial lives – are hidden in the places that we have disconnected from.* », en français : « *Les solutions sont là. Parfois, il est difficile de les voir. C'est parce que les solutions - aux problèmes que nous avons créés dans notre vie industrielle axée sur le profit - sont cachées dans les endroits dont nous nous sommes déconnectés.* » Nous avons silencieusement déconnecté nos vies des systèmes naturels, des relations inter-espèces dont nous avons besoin pour rester en bonne santé, mais aussi des cultures traditionnelles et de la sagesse des peuples anciens qui ont appris à vivre avec leur environnement et appris à survivre dans les moments difficiles et peu confortables. Nos résiliences personnelle, collective et alimentaire sont bien affaiblies face à l'ampleur des enjeux actuels et à venir. Nous sommes donc aujourd'hui au carrefour des possibles. Les *collapsologues* ont fait leur travail en nous alertant sur les risques possibles. Aujourd'hui j'ai écrit ce livre pour témoigner de mon optimisme et de ma foi envers des choix encore possibles. Loin d'être unique et la seule à œuvrer dans des directions plus accueillantes du vivant, je suis persuadée que nous pouvons accueillir des solutions créatrices de vie, durables et économiquement viables. Ce scénario requiert cependant de nous doter d'humilité face au gigantisme du Vivant et du biologique, de nous munir de patience face aux connaissances que nous devons rattraper et de volonté à travailler ensemble en évitant de se diviser aux noms de croyances obsolètes qui ne font plus systèmes.

« Il n'est plus temps de parler, mais d'agir ensemble »
Parole de Danilo Villafane, représentant du peuple Arhuaco

-------- FIN --------

Annexe

1. https://www.bluesoil.org/ (page 10)
2. https://fr.wikipedia.org/wiki/Park_Slope_Food_Coop (page 17)
3. *Candida Albicans* https://www.pasteur.fr/fr/centre-medical/fiches-maladies/candidoses (page 17)
4. https://study.com/academy/lesson/what-are-chinampas-definition-system.html ; https://www.larousse.fr/dictionnaires/francais/chinampa/15374
5. http://www.fao.org/3/l9805f/l9805f0a.htm
6. https://www.persee.fr/authority/291491 (Kiss, Alexandre Charles, CNRS).
7. https://www.bluesoil.org/outils-de-transition-agricole/la-ceinture-alimentaire/comment-la-ceinture-alimentaire/
8. ttps://fr.wikipedia.org/wiki/Low-tech
9. https://www.bluesoil.org/les-fermes-dans-le-monde/ngu-han-son-au-vietnam/
10. https://www.bluesoil.org/les-fermes-dans-le-monde/france-drome/
11. Les filet de tilapia était pourtant vendu dans les chaînes de restaurants *Hippopotamus* il y environ 10 ans
12. https://www.bluesoil.org/les-fermes-dans-le-monde/thanlyin-a-myanmar-birmanie/
13. Définition de la junte dans le monde: https://fr.wikipedia.org/wiki/Dictature_militaire
14. https://en.wikipedia.org/wiki/Rohingya_genocide ; https://en.wikipedia.org/wiki/Rohingya_genocide ; https://fr.wikipedia.org/wiki/Pers%C3%A9cution_des_musulmans_en_Birmanie
15. https://en.wikipedia.org/wiki/8888_Uprising ; https://fr.wikipedia.org/wiki/%C3%89v%C3%A9nements_politiques_de_1988_en_Birmanie
16. https://en.wikipedia.org/wiki/University_of_Yangon
17. https://thabarwa.org/
18. http://www.info-birmanie.org/wp-content/uploads/IB-Laccaprement-des-terres-en-Birmanie-mai-2017-site-IB.pdf
19. http://www.info-birmanie.org/wp-content/uploads/IB-Laccaprement-des-terres-en-Birmanie-mai-2017-site-IB.pdf
20. https://fr.wikipedia.org/wiki/Main_invisible
21. https://www.ladepeche.fr/2021/05/17/remettre-la-securite-alimentaire-au-premier-plan-9549405.php
22. https://www.lefigaro.fr/societes/cette-semaine-de-printemps-ou-la-france-a-echappe-au-rationnement-20201231

23. http://www.fao.org/3/i0291f/i0291f.pdf ; https://www.un.org/esa/socdev/rwss/docs/2011/chapter4.pdf

24.https://www.ipcc.ch/srccl/ ; https://www.ipcc.ch/srccl/chapter/chapter-4/

25. https://jardinage.lemonde.fr/article-137-lydia-claude-bourguignon-interview-autour-sols-jardins.html

26.https://scholar.google.com/citations?user=iOm3z4AAAAAJ&hl=en

27.https://besjournals.onlinelibrary.wiley.com/doi/full/10.1111/1365-2745.13132

28. https://jardinage.lemonde.fr/article-137-lydia-claude-bourguignon-interview-autour-sols-jardins.html

29. https://besjournals.onlinelibrary.wiley.com/doi/full/10.1111/j.1365-2745.2010.01664.x

30. https://www.sciencedirect.com/science/article/abs/pii/S0168169903000061 ; https://www.jstor.org/stable/41425474?seq=1 ; https://www.int-res.com/abstracts/cr/v46/n2/p137-146/ ; https://www.sciencedirect.com/science/article/abs/pii/S1161030112000809 ; https://link.springer.com/article/10.1007/BF02178572

31. https://www.franceinter.fr/emissions/interception/interception-16-fevrier-2020

32. https://www.lemonde.fr/idees/article/2020/06/01/yann-arthus-bertrand-et-julien-leprovost-le-prix-du-lait-paye-aux-eleveurs-une-honte-francaise-avec-laquelle-il-faut-en-finir_6041408_3232.html

33. https://fertilisation-edu.fr/cycles-bio-geo-chimiques.html

34. https://en.wikipedia.org/wiki/Charles_Walters_Jr. ; https://www.wikiwand.com/fr/%C3%89coagriculture

35. https://hal.inrae.fr/hal-02945988 ; https://hal.archives-ouvertes.fr/hal-01753938/ ; https://hal.archives-ouvertes.fr/hal-01548676/

36. https://www.liberation.fr/planete/2021/01/29/en-inde-le-long-mouvement-de-protestation-des-agriculteurs-s-envenime_1818794/ ; https://reporterre.net/En-Inde-des-centaines-de-milliers-de-paysans-revoltes-cernent-New-Delhi

37. https://www.telez.fr/actus-tv/l-emission-politique-nicolas-hulot/ ;

38. https://www.novethic.fr/actualite/environnement/agriculture/isr-rse/l-agriculture-celine-imart-face-a-nicolas-hulot-on-est-traite-comme-des-empoisonneurs-146611.html

39. https://www.blendspace.com/lessons/LZhPCN6psXE-Xw/copy-of-history-aztecs-chinampas
40. https://www.leesu.fr/ocapi/
41. http://archives.lesechos.fr/archives/2010/Enjeux/00271-035-ENJ.htm ; https://www.lexpress.fr/actualite/societe/environnement/video-l-epuisement-du-phosphore-histoire-d-une-bombe-a-retardement-ecologique_2100081.html
42. https://www.nutrientplatform.org/en/success-stories/saniphos-phosphorus-and-nitrogen-from-urine/
43. https://profiles.uts.edu.au/Dana.Cordell et https://scholar.google.com.au/citations?user=rVsq3goAAAAJ&hl=en
44. https://www.youtube.com/watch?v=FSjt0RSjDrY
45. https://fsc.uni-hohenheim.de/fileadmin/einrichtungen/fsc/Intranet/Intranet_MOSA/MOSA_Updated/5_UNEP_2011.pdf)
46. http://www.fao.org/3/y5053f/y5053f06.htm
47. https://www.dailymotion.com/video/x10xf5g
48. https://www.dailymotion.com/video/x10xf5g
49. https://ciqual.anses.fr/#/aliments/20584/tomate-grappe-crue
50. https://www.researchgate.net/figure/Interactions-eco-systemiques-entre-culture-parcours-naturel-arbre-et-animal-dans_fig7_309159436)
51. https://fsc.uni-hohenheim.de/fileadmin/einrichtungen/fsc/Intranet/Intranet_MOSA/MOSA_Updated/5_UNEP_2011.pdf
52. https://www.lefigaro.fr/societes/quand-les-maraichers-s-improvisent-agents-de-voyages-20210411
53. Le Jardin des Cardamines (Facebook) : https://www.facebook.com/JardinCardamines/
54. https://www.francetvinfo.fr/monde/environnement/pesticides/scandale-du-chlordecone-on-vous-explique-pourquoi-la-martinique-et-la-guadeloupe-se-mobilisent-contre-l-impunite_4315511.html
55. https://www.nature.com/articles/s41579-020-0402-3

56. https://terredeliens.org/la_disparition_des_terres.html
57. https://www.cohesion-territoires.gouv.fr/le-scot-un-projet-strategique-partage-pour-lamenagement-dun-territoire
58. https://www.cnra-france.org/premiere-journee-parlementaire-sur-la-resilience-alimentaire/

59.https://fr.wikipedia.org/wiki/Sp%C3%A9culation_fonci%C3%A8re

60. https://fr.wikipedia.org/wiki/N%C3%A9ocolonialisme
61. https://www.francetvinfo.fr/monde/chine/montenegro-la-construction-d-une-autoroute-financee-par-la-chine-tourne-au-fiasco_4673263.html
62. http://www.reseau3d.org/actualites-generales/speculation-financiere-les-ong-font-entendre-leurs-voix/
63. https://www.nouvelobs.com/planete/20190213.OBS0121/les-terres-agricoles-francaises-sont-accaparees-par-la-speculation-financiere.html
64. https://www.lesechos.fr/pme-regions/normandie/des-compensations-financieres-pour-preserver-les-terres-agricoles-1319665
65. https://terredeliens.org/constater-l-effritement.html
66. https://www.agriculture.com/farm-management/farm-land/bill-gates-is-about-to-change-the-way-amer-ca-farms ; https://nypost.com/2021/02/27/why-bill-gates-is-now-the-us-biggest-farmland-owner/
67. https://news.microsoft.com/id-id/2021/02/19/indonesian-ministry-of-agriculture-signs-mou-with-microsoft-to-strengthen-data-driven-agriculture-ecosystem/
68. https://en.wikipedia.org/wiki/Greenwashing
69. https://news.microsoft.com/id-id/2020/08/07/transforming-agriculture-with-the-power-of-data/
70. https://www.liberation.fr/environnement/climat/extinctions-penurie-deau-exodes-lalerte-apocalyptique-du-giec-sur-le-changement-climatique-20210623_RPQTJBKNRFHEJDO7GMVHRTC5FM/
71. https://www.ledauphine.com/economie/2021/04/12/l-essentiel-de-l-actualite-economique-du-mardi-13-avril-2021-en-isere-savoie-haute-savoie-drome-ardeche-vaucluse-hautes-alpes-et-alpes-de-haute-provence
72. https://www.lemonde.fr/economie/article/2021/04/06/le-secteur-de-la-construction-confronte-a-une-penurie-inedite-de-materiaux_6075662_3234.html
73. https://www.lefigaro.fr/flash-eco/la-penurie-de-puces-va-durer-jusqu-en-2022-selon-infineon-20210504
74. https://www.francebleu.fr/infos/economie-social/la-nouvelle-eco-le-prix-des-maisons-est-au-plus-haut-dans-la-drome-1611675807
75. https://www.meteo-paris.com/actualites/secheresse-un-manque-d-eau-de-plus-en-plus-important-en-ce-printemps-2021
76. https://www.meteo-paris.com/actualites/secheresse-un-manque-d-eau-de-plus-en-plus-important-en-ce-printemps-2021
77. https://www.meteo-paris.com/actualites/secheresse-un-manque-d-eau-de-plus-en-plus-important-en-ce-printemps-2021

78. https://www.universalis.fr/encyclopedie/subsidence-geologie/ https:/
/www.youtube.com/watch?v=KqK3iPIZuVM
79. https://horizon.documentation.ird.fr/exl-doc/pleins_textes/
divers19-01/010075018.pdf https://fac.umc.edu.dz/snv/faculte/becol/
2019/Stress%20osmotique%20cours.pdf
80. https://www.youtube.com/watch?v=tZ7s_WrcsDs ; https://
en.wikipedia.org/wiki/Water_cycle; https://www.youtube.com/
watch?v=tqkjw3LO_DM , https://www.youtube.com/
watch?v=TgH6319W5VQ
81. https://www.youtube.com/watch?v=XxgQp3iApbY
82. https://en.wikipedia.org/wiki/Water_cycle ; https://
www.youtube.com/watch?v=XxgQp3iApbY&t=3s
83. https://tel.archives-ouvertes.fr/tel-02934288/document ; https://
www.inrae.fr/actualites/agriculture-secheresse , https://
agriculture.gouv.fr/comment-la-secheresse-impacte-lagriculture
84.https://www.shutterstock.com/video/clip-22163704-ho-chi-minh-
vietnam---march-05 et (https://sg.news.yahoo.com/strength-passion-
vietnam-dragon-
festival-103651134.html?guccounter=1&guce_referrer=aHR0cHM6Ly9
3d3cuZ29vZ2xlLmNvbS8&guce_referrer_sig=AQAAADiWgaDjb50sSJ
KH1v2nqgZFynGNpLfskDcFaByfl9ZFEOfAJSJklAsjztMlw-
wV8uOuqUeB06pV7uUzOAdkGuUlNUUFNTCDuNVPUhbLTHzYvn7
1ndOchzaHr08QGz4kGhjNb1-
NduJfE63RXu2mg5K7Tf6oasly_N_fhUQrnm-l ; https://
www.youtube.com/watch?v=HQo2szX28XM
85. https://www.frontiersin.org/articles/10.3389/fimmu.2018.01830/full ;
https://www.nature.com/articles/ni0111-5 ; https://www.tandfonline.com/
doi/full/10.4161/gmic.19320 ; https://www.nature.com/articles/
srep18206 ; https://www.sciencedirect.com/science/article/pii/
S016041201930649X ; https://www.sciencedirect.com/science/article/
abs/pii/S0048969719308885

86. https://www.sciencedirect.com/science/article/abs/pii/
S0048969719308885
87. https://fr.wikipedia.org/wiki/On_a_20_ans_pour_changer_le_monde
88. https://www.lemonde.fr/economie/article/2019/04/06/le-depart-en-
retraite-d-un-agriculteur-sur-trois-d-ici-trois-ans-va-bouleverser-le-
paysage-agricole_5446630_3234.html

89. https://www.marianne.net/economie/c-est-une-immense-tromperie-comment-le-gouvernement-prive-les-agriculteurs-retraites-du

90. https://reporterre.net/Partir-a-la-retraite-le-casse-tete-des-agriculteurs

91. https://www.publicsenat.fr/article/societe/covid-19-une-hausse-de-la-pauvrete-qui-ne-fait-que-commencer-184937

92. https://chambres-agriculture.fr/actualites/toutes-les-actualites/detail-de-lactualite/actualites/maintenir-le-nombre-dactifs-agricoles/

93. https://www.youtube.com/watch?v=22OTCPdjx0A

94. https://www.futura-sciences.com/planete/actualites/agriculture-surface-agricole-necessaire-nourrir-francais-87169/?fbclid=IwAR16agHtPYEJtFBklBthTPML1iTPXFTc3n3mRUJ62_x4d_V61oYvzNs6co0#xtor%3DRSS-8

95. https://en.wikipedia.org/wiki/APEC_Vietnam_2017

96. https://www.actes-sud.fr/node/61118

97. *https://www.urbangreenbluegrids.com/about/introduction-to-green-blue-urban-grids/,*

98. https://sustainable-economy.org/; https://www.oregonbusiness.com/100best/green/item/19060-2020-100-best-green-companies-to-work-for-in-oregon

99. https://www.cite-sciences.fr/archives/science-actualites/home/webhost.cite-sciences.fr/fr/science-actualites/actualite-as/wl/1248140627640/vif-comme-l-il-de-la-squille/index.html

100. https://books.google.fr/books?hl=en&lr=&id=3bVTAgAAQBAJ&oi=fnd&pg=PT39&dq=sleep+disorders+and+consequences+on+thyroid&ots=jvpTjkmZMr&sig=h4oV5OFSNIziJF4NVJw-Q6k6E_0#v=onepage&q&f=false et https://cdnsciencepub.com/doi/abs/10.1139/y06-095

101. https://fr.wikipedia.org/wiki/Arhuacos

102. https://www.youtube.com/watch?v=JkXgAYaiXFI

103. Permaforêt : https://permaforet.blogspot.com/2014/02/le-reseau-racinaire-des-plantes-et-des.html

104. https://fr.wikipedia.org/wiki/Neurone_unipolaire

105. http://acces.ens-lyon.fr/biotic/neuro/plasticite/html/ima-cellule-pyramidale.htm

106. https://www.futura-sciences.com/planete/actualites/botanique-arbres-produisent-electricite-16810/

107. https://aip.scitation.org/doi/pdf/10.1063/1.4935577 ; https://www.sciencedirect.com/science/article/abs/pii/S0168945298000107 ; https://www.sciencedirect.com/science/article/abs/pii/S0168945298000107 ; https://www.sciencedirect.com/science/article/abs/pii/S0176161711815737

108. https://www.perspectives-agricoles.com/file/galleryelement/pj/6b/f4/37/11/376_522116941713382383.pdf ; https://beapi.coop/l-essentiel-de-l-agriculture/la-conductivite-electromagnetique-des-sols/ 109. https://youtu.be/tqkjw3LO_DM ; https://youtu.be/x2H60ritjag

L'AUTEURE

Céline Basset est née en France dans les années 80 de parents français aux origines russe, polonaise et italienne. Elle est diplômée d'un Master recherche en sciences humaines & sociales, spécialités neuropsychologie, psychologie et neurosciences cognitives ainsi que diplômée des formations militaires (PMG et PMSG) lors de l'exercice de ses fonctions de réserviste dans le groupement de Gendarmerie départemental de la Côte d'Or. Elle suit toujours des formations en microbiologie des sols auprès de la fondation Soil Food Web du Pr. Elaine Ingham aux États-Unis.

Elle grandit entre la France et l'étranger (Niger) et perpétue son attrait pour l'international avec son cursus universitaire (Université de Paris 5, Lille 3, puis l'Université Laval au Québec et NYU à New York). Engagée dans la protection de l'environnement et du bien-être animal, elle a été fortement imprégnée des cultures ancestrales des peuples premiers à travers ses voyages et préfère employer le mot « vivant » pour définir la nature et l'humain. Sa vision animiste du vivant lui permet d'avoir une compréhension holistique et intégrative qui lui permet de mettre en lien les règles biologiques et de réaliser des actions concrètes.

Depuis 2015, ses réalisations en agriculture régénérative des sols en Asie du sud-est innovent en proposant des outils de transition alimentaire et agricole calibrés sur certains impensés (délais de régénération des écosystèmes, temps de dépollution, succession écologique). Mais aussi les impensés liés aux risques majeurs d'un territoire (rupture d'approvisionnement des chaînes logistiques, risques sociétaux, pénuries). Ses expérimentations sont réalisées en low-tech et portent sur la microbioponie, le rôle et les délais des processus régénératifs des services écosystémiques et la restauration des cycles biogéochimiques, dans l'application d'une économie régénérative et rentable.

Céline aime construire des passerelles entre les différents savoirs : les savoirs ancestraux, les savoirs pratiques et les savoirs scientifiques. Récemment elle a créé La Ferme Blue Soil, une association reconnue d'intérêt général pour poursuivre ses recherches, sensibiliser le tout public et réaliser des missions humanitaires en proposant son expérience dans les pays où les risques systémiques sont déjà présents (Liban). Elle élabore aussi des partenariats avec des peuples premiers (Arhuaco) et vise à disséminer l'ensemble des savoirs régénératifs au tout public.

Rejoins nous sur :

https://www.bluesoil.org/
https://www.facebook.com/La-FERME-BLUE-SOIL-112147086877366/
https://www.instagram.com/celine_basset_blue_soil/
https://www.youtube.com/channel/UCWdtqkSB5sUy5gF52K7rt5w

QUELQUES MOTS À PROPOS DE L'ASSOCIATION ARCHIMÈDE

Association loi 1901, Archimède est un organisme de formation spécialisé dans la régénération du Vivant sous toute ses formes, l'agriculture régénérative et la résilience alimentaire.

Je reverse tous mes droits d'auteur de ce livre à cette structure. En achetant un exemplaire, vous venez donc de contribuer aux importantes missions de transmission des savoirs.
Merci.

Si tu veux en savoir plus : https://archimedeasso.com/
formationarchimede@gmail.com

PROCESSUS D'AMÉLIORTION

Ce livre est loin d'être parfait. Si vous croisez des coquilles, des erreurs ou d'autres choses qui vous semble inexactes, n'hésitez pas à me remonter les infos pour que je fasse les corrections.
cellbasset@gmail.com